职业教育畜牧兽医类专业系列教材

动物临床诊断技术

DONGWU LINCHUANG
ZHENDUAN JISHU

孟令楠　刘正伟　主编

 化学工业出版社

·北京·

内容简介

《动物临床诊断技术》共分动物临床检查技术和实验室检查技术两部分。临床检查技术主要讲述动物的保定、临床检查的基本程序和方法、病历书写与处方开具，以及各系统的临床检查。实验室检查技术主要包含血常规、血液生化和电解质检查。本教材适应行业发展实际，对应岗位需求，以技能操作为主，内容简明必需，并对关键操作附有操作视频微课讲解，扫描书中二维码即可观看。配套课件可从化工教育平台（www.cipedu.com.cn）下载。

本书适合职业院校畜牧兽医类专业作为教材使用，也可作为兽医行业培训用书或参考资料。

图书在版编目（CIP）数据

动物临床诊断技术 / 孟令楠，刘正伟主编. — 北京：化学工业出版社，2025. 2. —（职业教育畜牧兽医类专业系列教材）. — ISBN 978-7-122-46955-7

Ⅰ. S854.4

中国国家版本馆 CIP 数据核字第 2025R2M249 号

责任编辑：张雨璐　迟　蕾　李植峰　　装帧设计：王晓宇
责任校对：宋　夏

出版发行：化学工业出版社
　　　　　（北京市东城区青年湖南街13号　邮政编码100011）
印　　装：北京云浩印刷有限责任公司
787mm×1092mm　1/16　印张9　字数230千字
2025年8月北京第1版第1次印刷

购书咨询：010-64518888　　　　售后服务：010-64518899
网　　址：http://www.cip.com.cn
凡购买本书，如有缺损质量问题，本社销售中心负责调换。

定　　价：35.00元　　　　　　版权所有　违者必究

《动物临床诊断技术》编写人员

主　　编　　孟令楠　刘正伟
副 主 编　　范俊娟　吉尚雷　贺永明　曹　晶　唐慕德
编　　者　　（按照姓氏汉语拼音排序）

曹　晶	辽宁农业职业技术学院
范俊娟	辽宁农业职业技术学院
贺永明	辽宁农业职业技术学院
吉尚雷	辽宁农业职业技术学院
冀红芹	辽宁农业职业技术学院
贾富勃	辽宁农业职业技术学院
姜凤丽	辽宁农业职业技术学院
李春华	辽宁农业职业技术学院
李海龙	辽宁职业学院
梁德洁	辽宁农业职业技术学院
刘　强	辽宁职业学院
刘　欣	北京大伟嘉生物技术股份有限公司
刘本君	黑龙江职业技术学院
刘衍芬	辽宁农业职业技术学院
刘正伟	辽宁农业职业技术学院
路卫星	辽宁农业职业技术学院
孟令楠	辽宁农业职业技术学院
钱景富	辽宁农业职业技术学院
邱文然	辽宁职业学院
宋伟光	大北农集团辽宁大北农牧业科技有限责任公司
唐慕德	江西生物科技职业学院
温宇婷	江西生物科技职业学院
张文晶	辽宁农业职业技术学院
赵宝凯	沈阳伟嘉牧业技术有限公司
庄　岩	辽宁农业职业技术学院

主　　审　　鄂禄祥　辽宁农业职业技术学院

 # 前言

　　本教材根据中共中央办公厅、国务院办公厅印发的《关于推动现代职业教育高质量发展的意见》文件精神，并按照《关于开展辽宁省职业教育"十四五"第二批规划教材评选工作的通知》的要求编写。教材内容以学生为本，坚持立德树人、强化实践、对接企业岗位需求，力求学生德技并修，为畜牧业的繁荣发展培养高素质、复合型技术技能人才。

　　随着我国畜牧产业规模化、集约化的发展，行业对兽医技能型人才的需求结构也出现较大变化。《动物临床诊断技术》是为了适应行业发展变化，对应企业岗位需求而编写的适用于职业院校兽医人才培养的一本以技能操作为主的教材。本教材以兽医临床实践为目标，以强化企业岗位需求为重点，以理论支撑实践，重点突出应用性和实践性，适当体现本学科的新理论、新技术和新规范，增强教材的时效性。教材所选编的内容，充分考虑高职高专教育的特点，以理论适当、够用为度，加强实践教学的内容。在以能力为本位的教育思想指导下，遵循职业教育的教学规律，充分体现职业教育特点，尤为注重知识和技能的应用性和实用性，突出能力和素质的培养提高。

　　本教材编写过程中，注重校企双元合作开发，充分融入职业要素，以纸质教材建设为主体，配合在线开放课资源建设，采用多种形式丰富和完善教材的各种数字化资源。本教材既有系统的理论阐述，又有具体的技能方法描写；教材内容简明精炼，图文并茂；结合学院虚拟仿真实验共享管理平台，学生可根据教材内容进入平台进行技能的课前预习，在课中实际练习，课后在平台上反复巩固，哪里不会练哪里，既方便老师授课，又方便学生预习和巩固。

　　教材内容分为两篇：临床检查技术和实验室检查技术。第一篇中的第一章、第二章由孟令楠、刘正伟和刘衍芬编写，第三章、第四章由曹晶、贾富勃、刘强、姜凤丽、范俊娟编写，第五章、第六章由刘本君、赵宝凯、路卫星、邱文然编写，第七章至第十章由冀红芹、唐慕德、温宇婷、吉尚雷、李海龙编写，第二篇中的第十一章、第十二章由李春华、刘欣、宋伟光编写。数字资源由贺永明、钱景富、庄岩、梁德洁和张文晶制作完成。本教材附有二十余个实操视频，以二维码形式呈现，用以提高学生学习兴趣、课堂的趣味性，锻炼学生动手能力、解决问题的能力，力求打造一门适应职业院校学情，符合当代职业院校学生的一本新型教材。

　　本教材在全体参编人员的共同努力下，历时一年时间撰写完成。在编写过程中，得到了所有参编人员所在单位的大力支持，在此深表感谢。由于编者水平有限，难免有疏漏之处，敬请读者批评指正。

编者

目录

第二篇　实验室检查技术

第一篇

临床检查技术

第一章　临床检查的基本方法与程序

　学习目标

知识目标

1. 掌握正确接近动物的方式及保定方法。
2. 掌握动物临床检查基本方法。
3. 掌握动物个体检查及群体检查的一般程序。

能力目标

1. 能独立对动物进行保定。
2. 能够对动物群体及动物个体按照常规程序进行检查。
3. 具有对疾病调查分析的能力，有一定的科学探究能力，养成良好思维习惯。

素质目标

1. 与动物接触时要具有生物安全意识，注意保证人畜安全。
2. 对动物进行保定过程中，要相互配合，培养较强的计划组织协调能力、团队协作能力。
3. 培养吃苦耐劳精神，具备良好的职业道德，爱岗敬业。
4. 在临床检查过程中，能认真遵守行业法规和职业技术规程，有科学严谨的态度。

第一节　动物的保定方法

　　动物保定是指用人为的方法使动物易于接受诊断和治疗，保障人畜安全所采取的保护性措施。动物保定是兽医从业人员，特别是防疫人员，应具备的基本操作技能之一，良好的保定可保障人畜的安全，并且有利于防疫工作的开展。保定的方法很多，且不同动物的保定方法也不同，保定时应根据条件、动物品种选择合适的保定方法，本节重点介绍几种简便易行的保定方法和注意事项。

一、马（骡、驴）的保定

（一）鼻捻棒保定

（1）适用范围

适用于一般检查、治疗，如颈部肌内注射等。

（2）操作方法

将鼻捻子的绳套套于一手（左手）上并夹于指间，另一手（右手）抓住笼头，持有绳套的手自鼻梁向下轻轻抚摸至上唇时，迅速有力地抓住马的上唇，此时另手（右手）离开笼头，将绳套套于唇上，并迅速向一方捻转把柄，直至拧紧为止。

视频：动物的
接近与保定

视频：犬的
保定操作

（二）耳夹子保定

（1）适用范围

适用于一般检查、治疗，如颈部肌内注射等。

（2）操作方法

先将一手放于马的耳后颈侧，然后迅速抓住马耳，持夹子的另一只手迅即将夹子放于耳根部并用力夹紧，此时应握紧耳夹，以免因马匹骚动、挣扎而使夹子脱手甩出，甚至伤人等。

（三）两后肢保定

（1）适用范围

适于马直肠检查或阴道检查、臀部肌内注射等。

（2）操作方法

用一条长约8m的绳子，绳中段对折打一颈套，套于马颈基部，两端通过两前肢和两后肢之间，再分别向左右两侧返回交叉，使绳套落于系部，将绳端引回至颈套，系结固定之。

（四）柱栏内保定

1. 二柱栏内保定

（1）适用范围

适用于临床检查、检蹄、装蹄及臀部肌内注射等。

（2）操作方法

将马牵至柱栏左侧，缰绳系于横梁前端的铁环上，用另一绳将颈部系于前柱上，最后缠绕围绳及吊挂胸、腹绳。

2. 四柱栏及六柱栏内保定

（1）适用范围

适用于一般临床检查、治疗、检疫等。

（2）操作方法

保定栏内应备有胸革、臀革（或用扁绳代替）、肩革（带）。先挂好胸革，将马从柱栏后方引进，并把缰绳系于某一前柱上，挂上臀革，最后压上肩革。

二、牛的保定

（一）徒手保定

（1）适用范围

适用于一般检查、灌药、颈部肌内注射及颈静脉注射。

（2）操作方法

先用一手抓住牛角，然后拉提鼻绳、鼻环或用一手的拇指与食指、中指捏住牛的鼻中隔加以固定。

（二）牛鼻钳保定

（1）适用范围

适用于一般检查、灌药、颈部肌内注射及颈静脉注射、检疫。

（2）操作方法

将鼻钳两钳嘴抵住两鼻孔，并迅速夹紧鼻中隔，用一手或双手握持，亦可用绳系紧钳柄将其固定。

（三）柱栏内保定

（1）适用范围

适用于临床检查、检疫，各种注射及颈、腹、蹄等部疾病治疗。

（2）操作方法

单栏、二柱栏、四柱、六柱栏保定方法，步骤与马的柱栏保定基本相同。亦可因地制宜，利用自然树桩进行简易保定。

（四）倒卧保定

1. 背腰缠绕倒牛保定（"一条龙"倒牛法）

（1）适用范围

适用于去势及其他外科手术等。

（2）操作方法

① 套牛角：在绳的一端做一个较大的活绳圈，套在牛两个角根部。

② 做第一绳套：将绳沿非卧侧颈部外面和躯干上部向后牵引，在肩胛骨后角处环胸绕一圈作成第一绳套。

③ 做第二绳套：继而向后引至臀部，再环腹一周（此套应放于乳房前方）作成第二绳套。

④ 倒牛：由两人慢慢向后拉绳的游离端，由另一人把持牛角，使牛头向下倾斜，牛立即蜷腿而慢慢倒下。

⑤ 固定：牛倒卧后，要固定好头部，防止牛站起。一般情况下，不需捆绑四肢，必要时再将其固定拉提前肢。

2. 倒牛保定

（1）适用范围

适用于去势及其他外科手术等。

（2）操作方法

① 保定牛头：由三人倒牛、保定，一人保定头部（握鼻绳或笼头）。

② 保定方法：取约 10m 长的圆绳一条，折成长、短两段，于转折处做一套结并套于左前肢系部；将短绳一端经胸下至右侧并绕过背部再返回左侧，由一人拉绳保定；另将长绳引至左髋结节前方并经腰部返回绕一周，打半结，再引向后方，由二人牵引。

③ 固定：令牛向前走一步，正当其抬举左前肢的瞬间，三人同时用力拉紧绳索，牛即先跪下而后倒卧；一人迅速固定牛头，一人固定牛的后躯，一人速将缠在腰部的绳套向后拉并使之滑到两后肢的蹄部将其拉紧，最后将两后肢与左前肢捆扎在一起。

三、羊的保定

（一）站立保定

（1）适用范围

适用于临床检查、治疗，如注射疫苗等。

（2）操作方法

两手握住羊的两角或耳朵，骑跨羊身，以大腿内侧夹持羊两侧胸壁即可保定。如图 1-1 所示。

（二）倒卧保定

（1）适用范围

适用于治疗、简单手术和注射疫苗等。

（2）操作方法

保定者俯身，从对侧一手抓住两前肢系部或抓一前肢臂部，另一手抓住腹肋部膝前皱襞处扳倒羊体，然后改抓两后肢系部，前后一起按住即可。如图 1-2 所示。

图 1-1　羊的站立保定

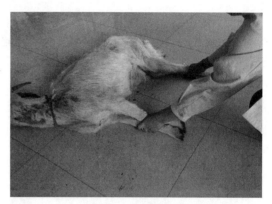

图 1-2　羊的倒卧保定

四、猪的保定

（一）提起保定

1. 正提保定

（1）适用范围

适用于仔猪的耳根部、颈部肌内注射等。

（2）操作方法

保定者在正面用两手分别握住猪的两耳，向上提起猪头部，使猪的前肢悬空。如图 1-3 所示。

2. 倒提保定

（1）适用范围

适用于仔猪的腹腔注射。

（2）操作方法

保定者用两手紧握猪的两后肢胫部，用力提举，使其腹部向前，同时用两腿夹住猪的背部，以防止猪摆动。如图 1-4 所示。

（二）倒卧保定

1. 侧卧保定

（1）适用范围

适用于猪的注射、去势等。

图1-3　猪提起保定

图1-4　猪倒提保定

（2）操作方法

一人抓住一后肢，另一人抓住耳朵，使猪失去平衡，侧卧倒下，固定头部，根据需要固定四肢。如图1-5所示。

2. 仰卧保定

（1）适用范围

适用于前腔静脉采血、灌药等。

（2）操作方法

将猪放倒，使猪保持仰卧的姿势，固定四肢。如图1-6所示。

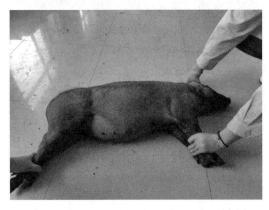

图1-5　猪侧卧保定

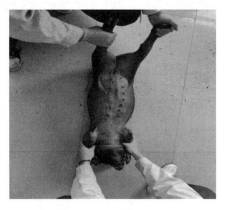

图1-6　猪仰卧保定

五、犬的保定

（一）口网保定

（1）适用范围

适用于一般检查和注射疫苗等。

（2）操作方法

用皮革、金属丝或棉麻制成口网，装着于犬的口部，将其附带结于两耳后方颈部，防止脱落。口网有不同规格，应依犬的大小选择使用。如图1-7所示。

（二）扎口保定

（1）适用范围

适用于一般检查、注射疫苗等。

（2）操作方法

用绷带或布条，做成猪蹄扣套在鼻面部，使绷带的两端位于下颌处并向后引至项部打结固定，此法较口网法简单且牢靠。如图1-8所示。

图1-7　犬口网保定

图1-8　犬扎口保定

（三）横卧保定

（1）适用范围

适用于临床检查、治疗，如注射疫苗等。

（2）操作方法

先将犬作扎口保定，然后两手分别握住犬两前肢的腕部和两后肢的跗部，将犬提起横卧在平台上，以右臂压住犬的颈部，即可保定。如图1-9所示。

六、动物保定注意事项

图1-9　犬横卧保定

在动物保定时，应当注意人员和动物的安全。因此，应注意以下事项：

① 要了解动物的习性，动物有无恶癖，并应在畜主的协助下完成。

② 对待动物应有爱心，不要粗暴对待动物。

③ 保定动物时所选用具如绳索等应结实，粗细适宜，而且所有绳结应为活结，以便在危急时刻可迅速解开。

④ 保定动物时应根据动物大小选择适宜场地，地面平整，没有碎石、瓦砾等，以防动物损伤。

⑤ 保定时应根据实际情况选择适宜的保定方法，做到可靠和简便易行。

⑥ 无论是接近单个动物或畜群，都应适当限制参与人数，切忌一哄而上，以防惊吓动物。

⑦ 应注意个人安全防护。

测试与拓展

一、选择题

1. 犬输液治疗时，可以用的保定器械是（　　）。

A. 鼻钳　　　　　　B. 耳夹子　　　　　　C. V形槽　　　　　　D. 颈圈　　　　　　E. 侧杆

2. 马属动物前肢单绳提举保定时，将绳的一端拴在（　　　）。

A. 颈部　　　　　　B. 鬐甲部　　　　　　C. 胸段脊柱上　　　D. 系部　　　　　　E. 掌区

二、简答题

1. 简述动物保定的目的是什么？

2. 常用的动物保定方法有哪些？

第二节　临床检查的基本方法

为了发现作为诊断依据的症状等资料，需用各种特定的方法，对病畜进行客观的观察与检查。为了诊断动物的疾病，应用于临床实际的各种检查方法，称为临床检查法。临床常用六诊法，即问诊、视诊、触诊、叩诊、听诊和嗅诊。

（一）问诊

问诊就是以询问的方式，听取畜主或饲养人员关于病畜发病情况和经过的介绍。问诊也是流行病学调查的重要方式。即通过问诊和查阅有关资料，调查有关引起传染病、寄生虫病和代谢病发生的一些原因。

视频：问诊、
视诊、触诊

1. 方法

向病畜的所有者或饲养、管理等有关人员了解畜群或病畜的发病情况。

2. 内容

（1）发病的时间与地点

如饲前或喂后；使役中或休息时；舍饲时或放牧中；清晨或夜间；产前或产后。不同的情况或条件，可提示不同的可能性疾病。

（2）发病时的主要表现

通常畜主往往只介绍许多疾病共有的一般症状，如家禽的打蔫、不吃、羽毛松乱、下痢等，家畜的腹痛不安、咳嗽、腹泻、呕吐、食欲减退或废绝、发烧等，而对疾病特有症状不一定介绍，这些通常是提示诊断的重要线索。必要时，可提出某些类似的症候、现象，以求畜主的解答，所以，要耐心询问，要启发但不要暗示，以求全面了解病畜的真实表现。

（3）疾病的经过

目前与开始发病时疾病程度的比较，是减轻或加重，症状的变化，是否又出现了新的症状、原有的症状减轻或消失，是否经过治疗，用过什么药物和方法，效果如何，这不仅可推断病势的进展情况，而且还可作为诊断和治疗的参考。

（4）畜主所估计的病因

如饲喂不当、使役过累、受凉、创伤等，这也是诊断的重要依据。

（5）畜群的发病情况

畜群中同种家畜是否有类似的疾病发生，附近是否有什么疾病流行等情况，可作为是否为传染病的诊断条件。

（6）疾病的传播速度

以识别疾病是暴发型还是散发型，如短期内在鸡群中迅速传播，属于暴发型疾病，如鸡新城疫、禽流感、传染性喉气管炎、传染性支气管炎等疾病；突然大批死亡，可提示中毒性疾病；而散在性发病，应考虑为慢性传染病（如慢性霍乱、淋巴性白血病）及普通病。

（7）病畜的年龄

许多疾病的发生及病情与年龄有关，因而年龄条件是诊断某些疾病的重要依据。

（8）各种禽类发病情况

以判断疾病是属于单一禽种还是属于多禽种疾病。如鸡发生急性传染病可提示为鸡新城疫等，若鸡、鸭、鹅同时发病，可怀疑为禽霍乱；仅鸭发病，其它禽类不发病，如成鸭可提示为鸭瘟，雏鸭可提示病毒性肝炎。

（9）防疫情况

了解预防接种情况，考虑预防的实际效果，以估计可能发生的疾病；考察治疗情况，判断疗效，以验证诊断。如一般临床上出现仔猪先天性震颤，可根据问诊情况做出印象诊断，如猪瘟疫苗是否注射，什么时间注射的，伪狂犬病疫苗是否注射过等。

（10）饲养、管理、卫生情况

可提供分析致病条件、寻求诊断依据。

（11）生产情况

是提供疾病的最基本线索。

（12）疫情

是判断流行病的重要线索。

3. 注意事项

① 具有同情心和责任感，和蔼可亲，考虑全面，语言要通俗易懂，避免可能引起畜主不良反应的语言和表情，防止暗示。

② 畜主所述可能不系统，无重点，还可能出现畜主对病情的恐惧而加以夸大或隐瞒，甚至不说实话，应对这些情况加以注意，要设法取得畜主的配合，运用科学知识加以分析整理。

③ 如果是其他门诊或兽医介绍来的，畜主持有的介绍信或病历可能是重要的参考资料，但主要还是要依靠自己的询问，临床检查和其他有关检查的结果，经过综合分析来判断。

④ 危重病畜，在做扼要的询问和重点检查后，应立即进行抢救。详细的检查和病史的询问，可在急救的过程中或之后进行。

（二）视诊

视诊是兽医用视觉直接观察畜群和个体的整体概况或局部表现的诊断方法，称为视诊，也称为望诊。

1. 方法

首先是观察畜群，判断其总体的营养、发育状态并发现患病个体。畜群状态的观察，饲养人员和兽医经常巡视，是早期发现不合理因素和病情的必要措施。为此，不但要详细观察畜群的采食、饮水状态，精神、姿势和运动行为，表被状态及排泄状态，而且还要认真地观察饲养、管理、卫生及其他条件。

其次是观察患病个体，患病个体的视诊应先观察其整体状态，然后观察其各个部位的变化。因此，一般应先距病畜一定距离，以观察其全貌，然后再由前到后，从左到右地边走边看，绕病畜一周，以做细致的检查；先观察其静止状态的变化，再行牵遛，以发现运动过程和步态的改变。如图1-10～图1-13所示。

图 1-10　羊前方视诊

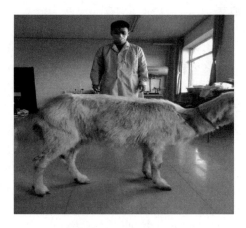

图 1-11　羊左侧视诊

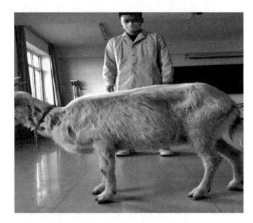

图 1-12　羊右侧视诊

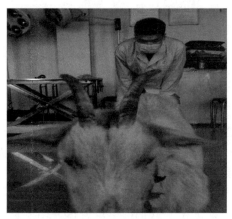

图 1-13　羊后方视诊

2. 内容

（1）观察其整体状态

如体格的大小、发育程度、营养状况、体质的强弱、躯体的结构、胸腹与肢体的匀称性等。

（2）观察其精神、体态、姿势、运动及行为

如精神的沉郁与兴奋，静止间的姿势改变或运动中的步态改变，有否腹痛不安，运步强拘或强迫运动等病理性行动等。

（3）观察其体表组织有无病变

如被毛状态，皮肤及黏膜的颜色与特性，体表的创伤、溃疡、瘢痕、疱疹、肿物等，以及其大小、位置、形状和特点等。

（4）检查与外界直通的体腔

如口腔、鼻腔、咽喉、阴道和肛门等。观察其黏膜的颜色变化及完整性，注意其分泌物、排泄物的数量、性状及其混合物。

（5）注意其某些生理活动的异常

如呼吸动作、采食、咀嚼、吞咽、反刍和嗳气等，另外，是否有喘息和咳嗽，腹泻和呕吐，再一点就是观察排粪、排尿的姿势、次数、量和性状等。

3. 注意事项

① 要求患病动物在安静的状态下进行。

② 应考虑光线对检查结果的影响，如在黄色光线下进行检查，轻微黄疸就不易被发现。

③ 要考虑视诊时的场地，如怀疑牛创伤性网胃心包炎时，一般在视诊时可做上下坡运动观察，这就要求视诊场所有坡地。

④ 随着科技的发展，视诊的范围也越来越大，对于某些特殊部位，如鼓膜、眼底、胃肠道黏膜等，也可借助某些仪器进行视诊，如耳镜、眼底镜、内窥镜等。

⑤ 视诊的适用范围广，能提供重要的诊断材料，有时可单用视诊而确定诊断，但视诊必须要有丰富的理论知识和临床经验做基础，否则会出现"视而不见"的情况。

（三）触诊

触诊是利用触觉的一种检查法，也就是通过检查者手的感觉进行判断的一种诊断方法。

1. 方法

按触诊部位及检查目的的不同，可分为浅部触诊法和深部触诊法。

（1）浅部触诊法

用平放而不加压力的手指或手掌以滑动的方式轻柔地进行触摸，试探检查部位有无抵抗、疼痛或波动等，明显的肿块或脏器也可用浅部触诊法检查。这种方法试用于皮肤、胸部、腹部、关节、软组织浅部的动静脉和神经的检查。如图 1-14、图 1-15 所示。

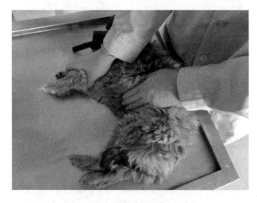
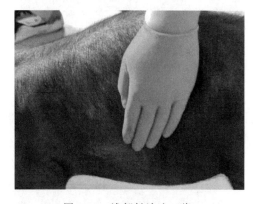

图 1-14　浅部触诊法（狗）　　　　　　图 1-15　浅部触诊法（猪）

（2）深部触诊法

检查时用一手或两手，由浅入深，逐渐加压以达深部。深部触诊主要用于觉察腹腔病变和脏器的情况，根据检查目的的不同，可分为以下几种。

① 冲击触诊法

以拳或手掌取 $70°\sim90°$，放于腹壁上的相应部位，作数次急速而较有力的冲击动作，以感知深部脏器和腹腔的状况。如腹腔有回击波或振荡音，提示腹水或靠近腹壁的脏器内含有较多的液状内容物；对反刍动物右侧肋弓区进行触诊，可感知瓣胃或真胃内容物的性状。如图 1-16、图 1-17 所示。

② 深压触诊法

又称切入触诊法，是以一个或几个并拢手指逐渐用力按压，用以探测腹腔深在病变的部位和内部器官的性状。适用于检查肝、脾的边缘。如图 1-18、图 1-19 所示。

图 1-16　冲击触诊法（羊）

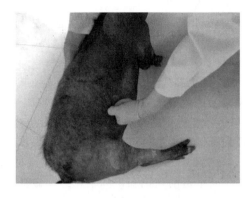

图 1-17　冲击触诊法（猪）

图 1-18　深压触诊法（猪）

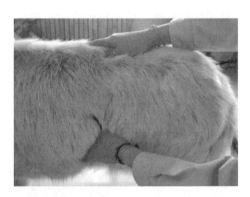

图 1-19　深压触诊法（羊）

③ 双手触诊法

　　将一手置于被检查脏器或包块的后部，并将被检查的部位推向另一手的方向，这样除可起固定的作用外，同时又可使被检查的脏器或包块贴近体表以利于触诊。此法主要用于中小动物的腹腔检查。如图 1-20、图 1-21 所示。

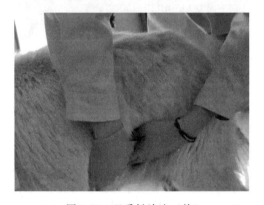

图 1-20　双手触诊法（羊）

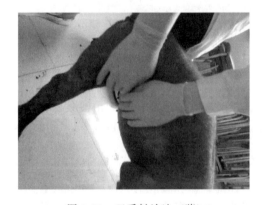

图 1-21　双手触诊法（猪）

④ 按压触诊法

　　以手平放于被检部位，轻轻按压，以感知其内容物的性状与敏感性，适用于检查胸腹壁的敏感性及中小动物的腹腔器官与内容物的性状。如图 1-22 所示。

2. 内容

① 检查动物的体表状态，如判断皮肤表面的温湿度，皮肤与皮下组织的质地、硬度及弹性，浅在淋巴结及局部病变的位置、大小、形态及其温度，内容物性状、硬度、可动性，疼痛反应等。

② 检查某些组织器官，感知其生理性或病理性冲动，如在心区，可感知心波动的强度、频率、节律和位置，触诊反刍动物的瘤胃，可判定其蠕动的次数及力量强度，检查浅在动脉的脉搏，可判定其频率、性质及节律等变化。

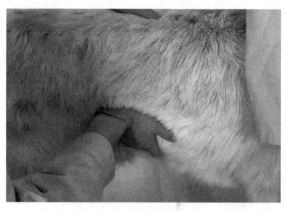

图 1-22 按压触诊法（羊）

③ 腹部触诊可判定腹壁的紧张性和敏感性，此外，还可感知腹腔内的状态，如肝脾的边缘和硬度，胃肠内容物的多少、性状，腹腔的状态。通过直肠检查，即直肠内部触诊，可以判定腹腔后部器官和盆腔器官的状态，这在马的腹痛病和产科疾病的诊断上有着广泛的应用，也是兽医临床上对触诊方法的独特运用。

④ 触诊也可作为对动物机体某一部位所给予的机械刺激，并根据其对刺激的反应，而判断其感受力和敏感性。如胸壁、网胃和肾区的疼痛检查，腰背与脊髓的反射，神经系统的感觉，体表局部病变的敏感性等。

3. 注意事项

① 手法要轻柔，以免引起病畜的精神、肌肉紧张而影响检查效果。

② 做腹部检查时，应注意不要将肾脏、充盈的膀胱误认为腹腔包块。

③ 触诊时要手脑并用，边触摸边思索病变的解剖位置和毗邻关系，以明确病变的性质和来自何种脏器。

（四）叩诊

叩诊是用手指或器械对动物体表进行叩击，使之震动而产生音响，根据震动和声响的特点，来判断被检部位的脏器有无异常的一种检查方法。

1. 方法

（1）直接叩诊法

用一个或数个并拢且弯曲的手指，向动物的体表进行轻轻地叩击，常用于检查窦腔、喉囊和臌气的胃肠。如图 1-23、图 1-24 所示。

（2）间接叩诊法

在被叩击的体表部位上放一附加物，而后向这一附加物上进行叩击的一种检查方法。附加的物体，一般为叩诊板。间接叩诊的具体方法，主要有指指叩诊法和锤板叩诊法。

① 指指叩诊法

指指叩诊法虽然有简单、方便、不用器械的优点，但因其震动与传导的范围有限，只适用于中小动物的诊察。如图 1-25、图 1-26 所示。

② 锤板叩诊法

叩诊锤一般是金属制作的，在锤的顶端镶有软硬适度的橡皮头，叩诊板可由金属、骨质或角质材料、塑料制作，形状不一。通常的操作方法是一手持叩诊板，将其紧密放于欲检查

视频：叩诊、听诊、嗅诊

的部位上，另一手持叩诊锤，用腕关节做轴上下摆动，使之垂直地向叩诊板上叩击2～3下，以分辨其产生的音响。如图1-27、图1-28所示。

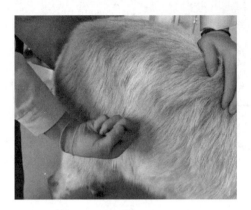

图1-23　直接叩诊法（羊）

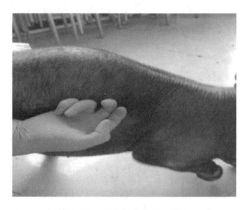

图1-24　直接叩诊法（猪）

图1-25　指指叩诊法（狗）

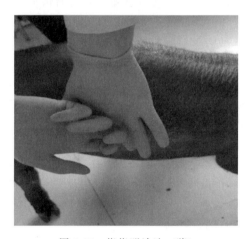

图1-26　指指叩诊法（猪）

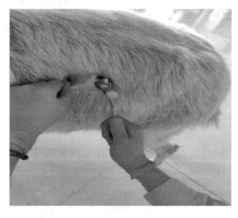

图1-27　锤板叩诊（羊）

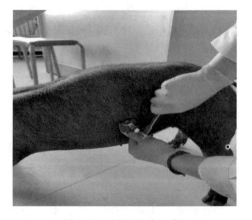

图1-28　锤板叩诊（猪）

2. 内容

① 检查浅在的体腔（胸腔、腹腔、窦腔）及体表的肿物，以判断内容物的性状（气体、液体或固体）。

② 根据叩击体壁可间接引起其内部器官震动的原理，以检查体内含气的器官的含气量或物理状态。

③ 根据体内有些空腔器官与实质器官交错排列的解剖上的有利条件。可根据叩诊产生的某种固有音响的区域轮廓，去推断某一器官的位置、大小、形状及其与周围器官、组织的相互关系。

3. 叩诊音

由于叩诊时所用的力量和间隔时间各不相同，可产生不同的音响，根据音响的强弱、长短、高低，临床上分为以下几种叩诊音：

① 清音是一种音调较低、音响较强、振动时间持续较长的音响，是正常肺部的叩诊音。一般提示肺脏的含气量、弹性和致密性均正常。

② 鼓音是一种音调较高、音响较强、振动持续时间较长的一种和谐音响，是叩诊健康马盲肠时所产生的音响，或叩诊健康牛瘤胃上部1/3所产生的音响，在病理条件下，叩诊肺空洞、气胸、气腹时也出现鼓音。

③ 相对浊音是一种音调较高、音响较弱、振动持续时间较短的音响，是叩诊正常心脏和肝脏被肺组织所覆盖的部分出现的音响，在病理情况下，当肺组织含气量减少时，如肺组织炎性实变、大叶性肺炎、小叶性肺炎时叩诊呈相对浊音。

④ 过清音是一种音调介于鼓音与清音之间的音响，肺组织含气量增多及弹性减弱时叩诊出现过清音。主要见于肺气肿。

⑤ 浊音是一种音调较相对浊音更高、音响更弱、振动持续时间更短的音响。浊音是叩诊肌肉或是叩诊不含气的实质器官（如心脏、肝脏和脾脏等）与体表直接接触的部位产生的音响。病理情况下，叩诊大量胸腔积液、高度胸膜肥厚及肺癌时出现浊音。

4. 注意事项

① 叩诊板需紧密地贴于体表，其间不能留有空隙，对于被毛较长的动物，宜将被毛分开，以使叩诊板与体表有良好的接触，但也应注意，叩诊板不应过于用力压迫。

② 叩诊锤应垂直叩击叩诊板，叩击时应该快速、断续、短促而富有弹性，叩击的力量应均等。

③ 若病灶或被检部位小或位置浅表，宜采取轻叩诊，如位置较深或病变范围较大，叩诊力量应稍重。当叩诊音不清时，可逐渐加重叩诊力量，与较弱的叩诊进行比较。

④ 为了对比解剖学上相同部位的病理变化，应用比较叩诊法。注意在比较叩诊时，条件要保持一致。

⑤ 叩诊检查法宜在安静的室内进行，在室外进行，叩诊音响效果不佳。

（五）听诊

听诊是用听觉听取机体各部位发出的声响，而判断其正常与否的一种检查法。听诊是听取机体在生理或病理过程中所自然发出的音响。广义的听诊包括听咳嗽、呃逆、嗳气、呼吸、肠鸣、呻吟、喘息、骨擦音、关节活动音、鸣叫等任何病畜所发出的声音。

1. 方法

（1）直接听诊法

将耳直接贴于动物体表的相应部位进行听诊，具有方法简单、声音真实的优点，但因检查者的姿势不便，多不应用。如图1-29所示。

（2）间接听诊法

又称器械听诊法，是指用听诊器进行听诊的方法。此法方便，可在任何体位下应用，而且对脏器的声音有放大作用，使用范围广，除心脏、肺脏、胃肠以外还可听到机体其他部位的血管音、皮下气肿音、骨擦音、关节活动音等。如图1-30所示。

图1-29　羊的直接听诊

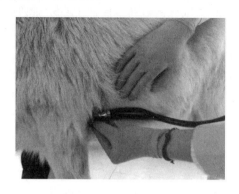

图1-30　羊的间接听诊

2. 内容

① 心血管系统的听诊，听取心脏和大血管的声音，特别是心音，主要是判断心音的强度、节律、性质、频率以及是否有附加音，心包的摩擦音和击水音也是应注意检查的内容。如图1-31所示。

② 呼吸系统的听诊听取气管、肺脏的呼吸音、附加音和胸膜的病理性声音，如摩擦音和振荡音。如图1-32所示。

图1-31　羊心音听诊

图1-32　羊的气管音听诊

③ 消化系统的听诊听取胃肠的蠕动音，判断其频率、强度、性质和腹腔的病理性音响。如图1-33所示。

3. 注意事项

① 一般应选择在安静的室内进行。

② 听诊器的接耳端，要适宜的放入检查者的外耳道，接体端要紧密地放在被检部位，但不应过于用力压迫。

③ 检查者要集中注意力，注意听取和观察动物的动作。

④ 注意防止一切杂音的产生，尽量避免被毛的摩擦，胶管与手臂、衣服等的摩擦。

（六）嗅诊

嗅诊是以嗅觉判断发自病畜的异常气味与疾病关系的方

图1-33　羊的胃肠蠕动音听诊

法。异常的气味多半来自皮肤、黏膜、呼吸道、呕吐物、排泄物、脓液和血液等。嗅诊时兽医将病畜散发的气味扇向自己的鼻部，然后仔细的判断气味的性质。在临诊工作中，通过嗅诊往往能够迅速提供具有重要意义的诊断线索。如图1-34、图1-35所示。

图1-34　羊呼出气嗅诊

图1-35　猪分泌物嗅诊

呼出气体和尿液带有酮味，常常提示牛和羊的酮血症；呼出气体和鼻液有腐败气味，提示呼吸道或肺脏有坏疽性病变；呼出的气体和消化道内容物中有大蒜气味，提示有机磷中毒；粪便带有腐败臭味，多提示消化不良或胰腺功能不足引起；阴道分泌物化脓、有腐败臭味，提示子宫蓄脓或胎衣停滞。

测试与拓展

一、选择题

1. 下列叙述中属于既往史调查内容的是（　　　）。

A. 某发病猪场最近流行发生猪流感

B. 某发病猪场3年来零星散发猪喘气病

C. 某猪场最近改用国内某著名专家所研究的配方进行自配饲料饲喂

D. 某发病猪场猪舍通风不良，室内温度较高，湿度较大，粪便清扫不彻底

E. 某发病猪场病猪主要表现咳嗽、呼吸困难及食欲下降等症状。

2. 下列叙述中不属于视诊观察内容的是（　　　）。

A. 动物皮下脂肪的蓄积程度，肌肉的丰满程度

B. 动物的精神状态及活动情况

C. 动物体表皮肤及被毛的状态

D. 动物粪便及尿液的多少、性状和混有物的情况

E. 动物体温的高低情况

3. 下列叙述中不属于触诊检查内容的是（　　　）。

A. 家畜鼻部皮肤干湿度情况的检查

B. 家畜胃内容物的多少、性状的检查

C. 反刍兽网胃敏感性的检查

D. 反刍兽反刍活动的检查

E. 母畜妊娠情况的检查

4. 用叩诊法检查健康牛肺中部，可得到的叩诊音是（　　　）。

A. 浊音　　　　　　B. 半浊音　　　　　C. 清音　　　　　　　D. 过清音　　　　　E. 鼓音

5. 进行指指叩诊操作时，叩击的正确方法是（　　）。

A. 叩诊的手应以指间关节做轴　　　　　B. 叩诊的手应以掌指关节做轴

C. 叩诊的手应以腕关节做轴　　　　　　D. 叩诊的手应以肘关节做轴

E. 叩诊的手应以肩关节做轴

6. 下列叙述中不属于听诊检查内容的是（　　）。

A. 动物心音状态的检查　　　　　　　　B. 动物支气管呼吸音情况

C. 动物肺泡呼吸音情况的检查　　　　　D. 动物胃肠蠕动情况的检查

E. 动物膈肌痉挛音的检查

7. 下列关于叩诊的叙述，不正确的是（　　）。

A. 叩诊板须密贴动物体表，其间不得留有空隙

B. 应使叩诊槌或用作槌的手指，垂直地向叩诊板上叩击，在叩打后应很快地离开，叩打应该是短促、断续、快速而富有弹性

C. 应在每个部位连续进行5～6次时间间隔均等的同样叩打

D. 叩诊的手应以腕关节作轴，轻松地振动与叩击，不要强加臂力

E. 叩诊检查宜在室内进行，以防其他声音的干扰

8. 触诊对全身哪个部位的检查更重要？（　　）。

A. 胸部　　　　　　B. 腹部　　　　　　C. 皮肤　　　　　　D. 神经系统　　　　E. 颈部

二、简答题

1. 简述临床检查的基本方法有哪些？

2. 在临床中怎样才能正确区分正常的生理状态和病理变化？

第三节　临床检查的一般程序

一、动物的接近

（一）接近病畜前

观察病畜的表现，向畜主了解病畜的性情，有无踢、咬、抵等恶癖，然后以温和的呼叫声，向病畜发出欲接近的信号，再从左前侧方慢慢接近，绝对不可从后方突然接近动物。

（二）接近病畜时

首先要求畜主在旁边协助保定，检查人员用手轻轻抚摸病畜的颈侧或臀部，待其安静后，再进行检查；对猪则可在其腹下部或腹侧部用手轻轻搔痒，使其安静或卧下，然后进行检查。

（三）检查病畜时

应将一手放于病畜的肩部或髋关节部，一旦病畜剧烈躁动抵抗时，即可作为支点向对侧推动并迅速离开，以防意外的发生，确保人畜安全。

二、一般检查程序

在门诊的一般条件下，对个体病畜，大致按下列步骤进行检查：病畜登记、病史调查、

现症的临床检查。

1. 病畜登记

登记的目的在于了解患病家畜的个体特征，并在这些登记事项中，也会给诊断工作提供一些参考，主要的登记事项和意义如下：

（1）种类

动物的种类不同，所患的疾病和疾病的性质也可能不同。

（2）品种

品种与动物的抵抗力和其体质类型有一定关系，如高产奶牛易患营养代谢病，家养土犬较观赏犬耐病。

（3）性别

性别关系到生理和解剖特性，因此在某些疾病的发生上具有重要意义，如母畜在分娩前后有特定的围产期疾病；公畜因腹股沟环较宽，更易患腹股沟阴囊疝，雄性牛羊比其它动物更易患尿道结石。

（4）年龄

有些疾病与动物的年龄密切相关，不同年龄阶段的动物有固有的常发病，如幼畜（禽）的猪白痢、鸡白痢、仔猪红痢、驹腺疫、幼畜肺炎和羔羊痢疾等。

（5）毛色

既是个体特征的标志之一，也关系到疾病的趋向。乳白色皮毛的猪易患感光性皮炎（如灰菜中毒和荞麦中毒等），青毛马好发黑色素瘤。此外，白色皮肤的动物，对于发疹性疾病有一定的诊断意义，如猪瘟和丹毒。

作为个体的标志，应注明畜名、号码、烙印、特征等事项，为便于联系，更应登记畜主的姓名、住址等。

2. 病史调查

问诊在病畜登记后与临床检查前，通常应进行必要的问诊。问诊的主要内容包括：既往史，现病历，平时的饲养、管理、使役和利用情况。这在探索病因，了解发病情况及其经过具有十分重要的意义。

当疾病表现有群发、传染与流行现象时，详细调查发病情况、既往史、检疫结果、预防措施等有关流行病学资料，在综合分析、建立诊断上具有十分重要的意义。

3. 现症的临床检查

对个体病畜的临床检查，通常按以下程序进行。

（1）整体及一般检查

① 整体状态的观察，这包括体格、发育、营养状况、精神状态、体态、姿势与运动、行为等。如图 1-36 所示。

② 被毛皮肤及皮下组织的检查，包括羽毛、肉冠、肉髯、鼻盘和鼻镜等。如图 1-37 所示。

③ 眼结膜的检查。如图 1-38 所示。

④ 浅在淋巴结和淋巴管的检查。如图 1-39 所示。

⑤ 体温、脉搏和呼吸数的测定。如图 1-40、图 1-41、图 1-42 所示。

图 1-36　整体状态观察（跛行）

图1-37　皮肤被毛检查

图1-38　眼结膜检查

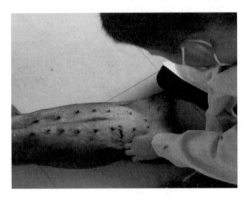

图1-39　猪腹股沟淋巴结检查

图1-40　羊脉搏数检查

图1-41　羊呼吸数检查

图1-42　羊体温测量

（2）系统检查

包括消化系统检查、呼吸系统检查、泌尿系统检查、生殖系统检查、心血管系统检查、神经系统检查等。

（3）实验室检查及特殊检查

对患病动物用一般检查和系统检查后，无法对疾病做出诊断或诊断困难时，进行实验室检查或特殊检查，从而对疾病做出确切诊断。

测试与拓展

一、选择题

1. 临床中对发病群畜的检查程序一般为（　　　）。

A. 畜群及个体的临床检查、病理剖检、实验室及特殊检查、病史调查、饲养管理情况调查

B. 病史调查、畜群及个体的临床检查、实验室及特殊检查、病理剖检、饲养管理情况调查

C. 畜群及个体的临床检查、病理剖检、实验室及特殊检查、饲养管理情况调查、病史调查

D. 病史调查、环境检查、饲料管理情况调查、畜群及个体的临床检查、病理剖检、实验室及特殊检查

E. 畜群及个体的临床检查、病理剖检、实验室及特殊检查、病史调查、环境检查、饲料管理情况调查。

2. 下列叙述中属于对既往史调查内容的是（　　　）。

A. 某发病猪场最近流行发生猪流感

B. 某发病猪场 3 年来零星散发猪喘气病

C. 某猪场最近改用国内某著名专家所研究的配方进行自配饲料饲喂

D. 某发病猪场猪舍通风不良，室内温度较高，湿度较大，粪便清扫不彻底

E. 某发病猪场病猪主要表现咳嗽、呼吸困难及食欲下降等症状

二、简答题

1. 简述动物全身状态观察的内容、方法及常见病理变化。

2. 简述系统检查的主要内容。

第二章 病历登记与处方开具

学习目标

知识目标

1. 掌握病历和处方的分类、格式和书写方法。
2. 掌握处方开具的原则。

能力目标

1. 能独立进行病历与处方的撰写。
2. 学会处方药的开具。

素质目标

1. 在病历书写过程中要仔细、认真，确保信息的准确性，具有严谨的行为规范。
2. 对待工作认真负责，具有职业荣誉感与自豪感。
3. 严格开具处方药，不滥用药物，培养学生的安全用药意识。

第一节　处方与病历登记

处方是兽医临床工作和药剂配制的重要书面文件，它既是兽医对预防和治疗畜禽疾病的书面指示，也是兽医院药房或药厂的制剂室制备药剂的文字依据。

一、处方的分类

处方按使用的文字分为中文处方和拉丁文处方。世界各国为求药名与处方书写的统一，通用拉丁文药名和拉丁文处方。药剂的标签要求注明拉丁文药名或制剂名。处方常用拉丁文缩写见表 2-1。

按处方的对象可分为临床处方和调剂处方。前者是兽医师在临床中为畜禽等动物开写的处方，后者则是药房或药剂室制备或生产药剂的书面文件。

表 2-1　兽医处方常用拉丁文缩写

缩写	英文/拉丁文	中文含义	说明（规范用法）
R. ;Rp.	Recipe	请取（处方起始标志）	源于拉丁文，用于处方开头，指示药师配药
Rx	Recipe	处方	处方专用标识，常见于处方笺首
S. ;sig.	Signa	标明，用法	指示药物使用方法，后接具体用药说明
Cap.	Capsula	胶囊剂	片剂类剂型缩写，首字母大写加句点
Enem.	Enema	灌肠剂	液体剂型缩写，规范写法为首字母大写加句点
Collyr.	Collyrium	洗眼剂	眼部外用制剂缩写，源自拉丁文

续表

缩写	英文/拉丁文	中文含义	说明（规范用法）
Emul.	Emulsio	乳剂	混悬剂型缩写,首字母大写加句点
add.	Additive	添加剂	通用缩写,多用于食品、药品辅料说明
Aero.	Aerosolum	气雾剂	气体剂型缩写,首字母大写加句点
Inhal.	Inhalatio	吸入式给药	—
Disinfect.	Disinfection	消毒	首字母大写加句点
Steril.	Sterilization	灭菌	较少使用的缩写,建议优先使用全称
p. r.	Per rectum	直肠给药	小写字母加句点,规范的给药途径缩写
ext.	Externus	外用	小写字母加句点,指示用药部位
s. c.	Subcutaneous	皮下注射	小写字母加句点,标准给药途径缩写
i. d.	Intradermal	皮内注射	小写字母加句点,标准给药途径缩写
i. m.	Intramuscular	肌内注射	小写字母加句点,常见给药途径
i. v.	Intravenous	静脉注射	小写字母加句点,常见给药途径
i. v. gtt.	Intravenous guttae	静脉滴注	小写字母加句点,细化给药方式

按处方的对象，处方可分为：兽医处方（临床处方）、验方或秘方、协定处方、法定制剂处方等。

二、处方的格式、内容和结构（表 2-2）

① 处方上项（登记项）也称为处方前记，主要登记或说明处方的对象。内容包括编号（若有），畜主姓名、住址、就诊时间，畜（禽）别、性别、年龄、体重等。须认真仔细填写，便于用药、保存、查对处方、书写病历和积累资料。

表 2-2 处方笺示例

×××动物医院处方笺

年　　月　　日

畜主姓名			住址				
畜(禽)别		年龄			性别		体重

R.

兽医师(签名)

年　　月　　日

② 处方头记为 R.（或 Rp.），是拉丁文 Recipe 请取或取药的意思，中药则用中文"处方"开头。

③ 处方正文是处方的主体部分，在 R. 之后书写药物及其剂量，一般都开写治疗量。西药每药单独写一行（中药可连续写出药名），剂量写于同行的右方，以克（g）或毫升（ml）为单位者，用阿拉伯数字写出，不需要说明单位名称，而加一位小数点表示。但所用为"国际单位""滴""适量"等时，则需要特别注明。拉丁文处方药名用第二格（常用单数）或缩写字母表示。中药处方则用克、毫升表示剂量。药物名称应按正规名称的全称，也可用通用商品名或正规缩写（英文、拉丁文缩写）。药物剂量应标明规格和含量，注明如何配制和如何用药（包括给药途径、间隔时间和次数）。

开写两种药物以上的处方叫复方。西药复方应按下列顺序将药物写出：主药，发挥主要治疗作用的药物；佐药，协助或加强主药作用的药物；矫正药，矫正主、佐药物不良气味、不良反应或毒性作用的药物；赋形药，能使调制成适当剂型，以便于给药和发挥疗效的药物。中药复方则按君、臣、佐、使及引药次序写出。

处方中应写明调制方法，指示调剂成何种剂型或调剂方法，可用拉丁文缩写书写。处方中应注明使用方法，包括给药方法、次数及各次剂量等。可用拉丁文缩写或中文书写。

④ 处方下项是兽医师、药剂员签名处。兽医师开完处方后，经仔细检查，确认无误后签名；药剂员须按方配药，然后签名。无兽医师签名的处方无效，不得发药。签名时应注明日期。

三、处方中药物剂量书写方法

① 单剂量法：每一个剂量是一次的用药量，适用于片剂、丸剂、散剂、胶囊剂和注射剂的开写。

② 总剂量法：开写总剂量，用法中说明每次用量，适用于酊剂、合剂、溶液剂、软膏剂和舔剂的开写。总剂量也可由单剂量组成，在用法中说明照单剂量配若干份。

四、开写处方的注意事项

① 开写处方不能用铅笔，不得涂改。

② 开写有毒药、剧药不得超量。必须超量时，在剂量后加明显标记，如"！"，兽医签名，以示负责。

③ 由多种药物组成的处方，药物开写次序是主药、辅药、矫正药、赋形药。

④ 一般情况下，每张处方笺只写一个处方，若开写多个处方时，必须都有完整的中项，分别填写，并在每张处方笺的第一个药名的左上方写出次序号。

⑤ 处方书写字迹要清晰，不得有错别字，不得使用不规范的简体字。

五、调剂处方

用作制备制剂的处方称为调剂处方或生产处方。它需要将各组成药物、剂量和调制方法等项一一列出。

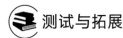 测试与拓展

一、简答题

1. 简述病历记录的内容和程序。

2. 病畜登记包括哪些内容？

二、设计题

某农户家中一头母牛发生不明原因高热，食欲不振，精神沉郁，现户主让你对病牛进行检查，经过诊断，需要使用一些处方药进行治疗，请你设计一张兽医处方笺，用于以后处方药物的开具。

第二节　处方开具的原则

开写或设计处方是关系到投予动物之药剂的安全、有效和获得生产效益的专门技术工作。合理的处方应是一份能对症防治、配方合理、安全有效、少有或无不良作用、便于调制且有生产价值的文件。法定处方和协定处方都是从生产实践中总结得出比较符合上述要求的成方或制剂处方。兽医处方则多是按情酌定的临床处方。

一、组方原则

处方有单方（由一种药组成）和复方（由两种以上的药组成）。从药物与动物机体相互作用的关系出发，临床中复方的主治药物要突出，同时注意辅治药物的搭配。针对病因而使用的药物称为对因治疗药物，针对动物疾病的症状而使用的药物称为对症治疗药物。两者相辅相成，不能偏废。处方要在突出对因治疗药物或主治药物的同时，选配好辅治或对症药物。

中药的复方很注意药味的相须与相使。把两味以上功效近似的药物一起配伍，以达到加强药效的目的，叫相须；把主治药物与辅治药物一同伍用，达到互相增强作用的叫做相使。西药处方也同样重视合用药物间的增加作用、协同作用和增强作用。

西药处方的组成药物一般不宜过多。中药的复方应注意药物的综合整体作用，但对于某些传统处方，应注意减去可以不用的药味。

二、剂量原则

药剂的投用量称为剂量。剂量可决定药物与动物体组织相互作用的浓度，并可决定药物的性质。在一定的剂量范围内，一般剂量越大，药物的作用越强，剂量小则作用弱。

处方中药物的剂量，一般指治疗量中的常用量，此量是大于最小有效量而低于极量之间的剂量。对于《中国药典》或药物规范中说明的剧药，使用剂量一定要严格遵循规定，从严掌握。正确运用剂量还需要考虑动物品种、年龄、体重或机体状态等有关因素。

三、配伍禁忌

配伍禁忌处方中的药物能相互作用产生影响调剂和疗效的变化（可出现分离、浑浊、沉淀、潮解、液化、变色、变质、失效或产生有害物质等），则属于配伍禁忌。其中就处方的调剂而言，主要包括物理性配伍禁忌和化学性配伍禁忌，若按处方的疗效来说，还有药理性配伍禁忌。处方中的配伍禁忌要设法避免和克服。克服的方法随药物和剂型而定，可包括更换组成药，改变溶媒，加入助溶剂、增溶剂或乳化剂，调整 pH 值，改变调配次序或剂型，变换贮存条件等。

中药处方组成药之间的"相恶"与"相反"是药物配伍中的拮抗作用。中药有"十八反"和"十九畏"药物。开写处方一般须遵循"十八反""十九畏"的配伍禁忌，但要做科学分析，其中的有些药物也有伍用之例。

四、剂型选择

设计处方时，需要选择能在体内产生良好药效的剂型，以利药物之吸收、利用、转化与排泄。

内服剂型投药方便，因肠黏膜及其绒毛具有很大的表面积，它附近的 pH 值又近似于中性，所以无论弱酸性或弱碱性的药剂均可被吸收。但药物通过肠黏膜吸收进入血液循环，首次经过门静脉至肝脏时，有一部分可被胃肠及肝脏酶所代谢消除，故比注射时的药效慢而不稳定。

注射剂型的药物在含有丰富毛细血管的肌肉组织（肌内注射）和皮下结缔组织（皮下注射）内，很容易被完全吸收，由于不需要经过肝门静脉而直接进入大循环，所以药效快而稳定，施行静脉注射药物时，药物在血液中可迅速达到有效浓度。但由于注射剂型投药不如内服剂型方便，所以能混入饲料中大群投喂的药物更受欢迎。

气雾剂通过呼吸道吸入后，在有丰富的毛细血管网的肺泡内容易吸收，用于防疫时做气雾免疫等使用，具有特殊意义。

脂质体剂型系将药物包封于以磷脂和胆固醇为主要成分的类脂质小囊中，因其组成与动物细胞相似，所载药粒易被细胞内吞或融合而通过细胞膜进入细胞内和细胞器中，故可降低剂量和药物对细胞的毒性，它对靶组织或靶细胞有亲和力和导向性，药物的脂质体在患畜体内还能延缓释放速度，延长药效。这种剂型可制成注射剂、内服剂、外用剂等。

微型胶囊可防止药物被氧化，延长药物保存期和有效期。缓释剂可使药物定期缓慢恒量释放，能够延长药效，降低毒性和减少投药的次数。

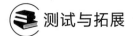 测试与拓展

请简述如何进行剂型的选择。

第三章　整体与一般检查

学习目标

知识目标

1. 掌握动物整体检查的内容。
2. 掌握动物可视黏膜的检查方法。
3. 掌握动物体温、脉搏、呼吸数以及血压的检测方法。
4. 掌握动物被毛和皮肤的检查方法。
5. 掌握动物浅表淋巴结的检查方法。

能力目标

1. 能对动物进行整体检查并发现其异常表现。
2. 学会动物的一般检查方法，并能够独立操作。
3. 具备对检查结果进行分析、总结的能力。

素质目标

1. 在对动物进行检查时要认真负责，对待检查结果要严肃认真，具有严谨的行为规范和良好的职业道德。
2. 对动物进行检查时要尽量减轻动物痛苦，培养学生的感恩之心，注重动物福利。
3. 与动物接触过程中培养学生的生物安全意识，做好安全防护。

第一节　整体状态的检查

接触病畜进行检查的第一步，就是观察病畜的整体状态。应着重判定其体格发育、营养程度、精神状态、姿势体态、运动与行为的变化和异常表现。

视频：整体
状态检察

一、体格发育

体格大小、发育状况一般可根据骨骼和肌肉的发育程度来确定。为了确切的判断，可应用测量器械测定其体高、体长、体重、胸围及管围等数值。一般以视诊观察的结果，可将体格区分为大、中、小或发育良好与发育不良。体格的大小，主要可作为发育程度的参考；此外，在决定给药量尤其是剧毒药物的用量时，也应注意。

① 在正常状态下，一般可根据视诊结果将动物区分为大、中、小或发育良好与发育不良。体格发育良好的动物，其躯体高大，结构匀称，肌肉结实，强壮有力。强壮的体格，不仅说明其生产性能良好，同时对疾病的抵抗力也强。

② 在病理状态下，体格发育的病理变化主要表现为发育不良，可见躯体矮小，结构不匀称。

二、营养程度

通常根据肌肉的丰满度，特别是皮下脂肪的蓄积量而判定，被毛的状态和光泽，也可作为参考。

1. 正常状态

动物的营养状态是动物体营养代谢情况的标志。临床上一般将营养程度分为三种：营养良好、营养中等、营养不良。

2. 病理变化

（1）营养不良

表现为消瘦，被毛蓬乱、无光泽，皮肤缺乏弹性，骨骼外露。营养不良的病畜，多同时伴有精神不振、躯体乏力。消瘦是临床上常见的一个症状。高度的营养不良为恶病质，是判断预后不良的一个重要指征。

（2）营养过剩

一般在役畜较少见，而种畜和宠物则较多见，主要原因是运动不足和营养过剩而引起。

（3）注意事项

临床上在判断体格与营养状态时，要注意动物的品种及其体质类型特点。

三、精神状态

动物的精神状态是对动物整体心理和行为表现的一种综合性描述，可根据其对外界刺激的反应能力及其行为表现进行判定。

1. 正常状态

正常时神经系统的兴奋与抑制两个过程保持着动态平衡。动物在静止时比较安静，行动时较灵活、协调，经常注意外界，并对各种外界刺激反应比较敏感。

2. 病理变化

当神经系统机能发生障碍时，兴奋与抑制过程的平衡遭破坏，临床上常表现为过度的兴奋与抑制。

（1）神经兴奋，是神经系统机能亢进的结果，依据其病变程度不同可表现为：

① 轻度兴奋：病畜对外界的轻微刺激即表现出强烈反应，经常左顾右盼、竖耳、刨地、不安乃至挣扎脱缰。可见于脑及脑膜充血，颅内压增高及某些毒物中毒时，如脑与脑膜的炎症，日射病与热射病的初期等。

② 精神狂躁：病畜表现为不顾一切障碍向前直冲或后退不止，反复挣扎脱缰，乃至攻击人畜。多提示为严重中枢神经系统的疾病，如马的流行性脑脊髓炎的狂躁型或狂犬病及有机磷中毒等。

（2）精神抑制，是中枢神经系统机能紊乱的另一种形式，按程度不同可分为：

① 精神沉郁：可见病畜离群呆立，萎靡不振，耳搭头低，对外界事物冷淡，对刺激反应迟钝，见于一切热性病及慢性消耗性疾病的体力衰竭时。

② 精神嗜睡：表现重度萎靡，闭眼似睡，或站立不动，或卧地不起，给予强烈刺激才引起轻微反应。见于中度的脑病或中毒，典型病例如马的慢性脑室积水，表现为呆迟似睡，行动笨拙，常将前肢交叉站立，口衔草而忘记咀嚼的特有姿势。

③ 精神昏迷：是动物的重度意识障碍，可见意识不清，卧地不动，呼唤不应，对刺激几乎无反应，或仅保有部分反射功能。

四、姿势体态

是指动物在相对静止或运动过程中的空间位置及其体态的表现。

1. 正常状态

正常时，各种动物均有其特有的生理姿势。如健康马属动物经常站立，姿势自然，偶尔躺卧，当有生人接近时，即自动站立，运动时动作灵活而协调。

2. 病理状态

病理状态时的异常姿势主要有：站立间的异常姿势（强迫站立）、伏卧间的异常姿势（强迫卧位）及运动间的异常姿势（强迫运动）。

（1）强迫站立姿势

① 典型的木马样姿势。

头颈平伸，肢体僵硬，四肢关节不能屈曲，尾根挺起，鼻孔开张，瞬膜露出，牙关紧闭，常见于破伤风，是全身性骨骼肌强直性痉挛的结果。

② 四肢疼痛性疾病时的站立姿势。

单肢疼痛性疾病，则患肢表现为免于负重或自行提起；多肢蹄部疼痛性疾病，则常将四肢集于腹下而站立；两前肢疼痛时，则两后肢尽力前伸；两后肢疼痛时，两前肢尽力后送，以减轻病肢的负重；肢体骨骼、关节或肌肉疼痛性疾病，如骨软症、风湿病时，表现为四肢频频交替负重而形成站立困难。

（2）强迫伏卧姿势

① 四肢骨骼、关节、肌肉疼痛性疾病。

如骨软症、风湿病时，当驱赶或由人抬起可勉强站立，但站立后可因四肢疼痛出现站立困难，或伴有全身肌肉震颤。

② 机体高度消瘦、衰竭时。

如常期慢性消耗性疾病、鼻疽、传染性贫血（传贫）等，多呈强迫伏卧姿势。

③ 四肢的轻瘫或瘫痪。

常见的有两后肢的截瘫，此时多因两前肢保有运动功能而病畜反复挣扎企图站立屡呈犬坐姿势，常提示脊髓横断损害，此时多伴有后躯感觉、反射功能障碍及排尿、排粪失禁症状。

④ 马肌红蛋白尿症的强迫伏卧姿势。

类似后肢轻瘫或截瘫而呈犬坐姿势。多见于长期休闲后，通常在重度使役过程中或之后发生，此应注意观察排尿呈红棕色的特征，且同时伴有肌肉僵硬的表现。

（3）强迫运动姿势

① 共济失调。

表现为运动中四肢配合不协调，呈醉酒状，走路摇摆或肢蹄抬高、用力着地，步态似涉水样，可见于脑脊髓的炎症，多为病原侵害小脑的标志。

② 盲目运动。

表现为无目的的徘徊，或直向前冲，或后退不止，绕桩打转或呈圆周运动，有时以一肢为轴呈时针样动作。提示为脑、脑膜的充血、出血、炎症、中毒等，如马流行性脑脊髓膜炎（马流脑）、乙型脑炎、霉玉米中毒、肿瘤、脑包虫病、犬瘟热等。

③ 马属动物腹痛的姿势。

前肢刨地，后肢踢腹，伸腰，摇摆，回视腹部，碎步急行，时时欲卧，起卧滚转，仰足朝天，犬坐姿势，屡呈排便姿势等。提示肠闭结、痉挛疝、肠臌气和胃扩张等多种疾病。应仔细观察加以鉴别。此外，也应注意因腹膜、肝脏、肾脏、膀胱等的疾病而引起的假性腹痛；对于妊娠母畜应注意是否难产或流产。

④ 肢体跛行的异常运动姿势

因某个肢蹄或多肢患有疼痛性疾病或运动机能障碍而致运动失常时，称为跛行。如患肢着地、负重表现疼痛称为肢跛，当患肢提举有运动障碍时，称为悬跛，两者间而有之，称为混合跛行。多见于脑及脑膜疾病的后期，重度昏迷，常是预后不良的征兆。

测试与拓展

一、选择题

1. **不属于**猪营养状况评价指标的是（　　　）。

A. 背膘厚度　　　　　　　B. 骨骼外露状况　　　　　　C. 肌肉丰满程度

D. 被毛状态和光泽　　　　E. 对刺激的反应性

2. 下列**不属于**生命体征的是（　　　）。

A. 呼吸　　　　　　B. 体温　　　　　　C. 瞳孔　　　　　　D. 脉搏

3. 营养状况评价指标**不包括**（　　　）。

A. 被毛和皮肤　　　B. 体高　　　　　　C. 肌肉　　　　　　D. 皮下脂肪

4. 发育状况评价指标**不包括**（　　　）。

A. 性别　　　　　　B. 体高　　　　　　C. 体重　　　　　　D. 年龄

5. 与皮肤弹性**无关**的因素是（　　　）。

A. 营养状况　　　　B. 体高　　　　　　C. 皮下脂肪　　　　D. 年龄

二、简答题

1. 简述动物全身状态观察的内容。

2. 简述精神状态检查常见的异常表现。

第二节　可视黏膜的检查

眼结膜是可视黏膜的重要部分，结膜的颜色变化除可反映其局部的病变外，还可根据其推断全身的循环状态及血液某些成分的改变，在诊断和预后的判断上有一定的意义。眼结膜的检查时，应注意眼的分泌物、眼睑状态、结膜的颜色以及角膜、巩膜和瞳孔、眼球的状况。

一、眼结膜的检查方法

视频：眼结膜检查

一只手固定住头部，另一手的示（食）指放于下眼睑中央的边缘处，而中指则放于上眼睑的中央边缘处，将眼睑向上向下分别扒开，并向内眼角处稍加压，则瞬膜和结膜将充分露出。如图3-1所示。

二、健康家畜眼结膜的颜色

马、骡的结膜呈淡红色；黄牛和乳牛的颜色较淡，水牛则呈鲜红色；猪结膜呈粉红色。

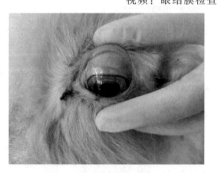

图 3-1　眼结膜检查（羊）

三、眼及结膜的病理变化

1. 眼睑及分泌物

眼睑肿胀并伴有羞明流泪，是眼炎或结膜炎的特征。马如有周期性反复发作的病史，则可提示为周期性眼炎。轻度的结膜炎，伴有大量的浆液性分泌物，可见于流行性感冒。脓性分泌物，常见于发热性疾病。猪在眼窝下有泪痕，常是传染性萎缩性鼻炎的特征。猪的化脓性结膜炎，常提示猪瘟。仔猪的眼睑水肿，常见于水肿病。

2. 眼结膜的颜色

结膜的颜色取决于黏膜下毛细血管中的血液数量、性质及血液和淋巴液中胆色素的含量。结膜的颜色改变，可表现为：潮红、苍白、发绀、黄染。

（1）潮红

是结膜下毛细血管充血的征象。单眼的潮红，是局部的结膜炎所致。如双侧潮红，除可见于眼病外，多标志全身的循环障碍，主要表现为以下 2 种症状。

① 弥漫性潮红。表现为整个眼结膜均匀潮红，见于各种急性传染病及某些广泛性炎症。

② 树枝状充血。表现为小血管明显扩张、显著充盈而呈树枝状，多为血液循环或心脏功能障碍的结果。

（2）苍白

结膜色淡，甚至呈灰白色，是各型贫血的特征。如病程发展迅速，同时伴有急性失血的全身及系统的相应症状变化，可提示大出血或内出血（肝脏、脾脏的破裂）；如苍白呈慢性经过，并伴有全身营养衰竭的体征，可考虑慢性营养不良，慢性传染病（马传贫、慢性鼻疽等），寄生虫病（钩虫病、焦虫病等）。

（3）发绀

结膜呈蓝紫色，是血液中还原性血红蛋白增多或形成大量变性血红蛋白的结果。一般引起发绀的原因有以下几种：

① 吸入性呼吸困难。肺呼吸面积显著减少，引起氧气供应不足，造成肺部血液氧合作用不足而引起。

② 因血流过缓或过少，而使血液流经体循环的毛细血管时，过量的血红蛋白被还原而导致，这种发绀也称为外周性紫绀。见于由心力衰竭或心脏衰弱引起的全身性淤血。

③ 血红蛋白的化学性质的改变，主要见于中毒，如亚硝酸盐中毒等。

（4）黄疸

结膜呈不同程度的黄染，尤其是巩膜处较明显易于发现。黏膜黄染是胆红素代谢障碍的结果。常见于下列疾病：

① 实质性黄疸。肝实质的病变，肝细胞变性、发炎、坏死，伴有毛细胆管的淤滞与破坏，造成胆红素混入血液，而发生黏膜黄染。见于各种原因引起的肝炎。

② 阻塞性黄疸。因胆管被阻塞、压迫或破裂引起胆汁淤滞或胆管破裂，胆红素反流入血液引起的黄疸。主要见于胆结石、肝片吸虫病、胆道蛔虫病等。因小肠的炎症，造成的胆管开口被阻，也可引起轻度的黄疸。

③ 溶血性黄疸。红细胞被大量破坏，使胆红素蓄积并增多而形成黄疸，称为溶血性黄疸。见于溶血性疾病如焦虫病、血红蛋白尿症等。由于红细胞的大量破坏，造成机体贫血，所以在溶血性黄疸发生时，结膜表现为苍白黄染。

（5）出血 一般表现为点状或斑状，结膜的出血是出血性素质的特征。主要见于马的血斑病和焦虫病，尤其是急性或亚急性马传贫时更明显。

测试与拓展

一、选择题

1. 眼结膜发绀所代表的临床意义是（　　　）。

A. 贫血　　　　　　　　　B. 缺氧　　　　　　　　　C. 胆色素代谢障碍

D. 肝脏受损　　　　　　　E. 都不是

2. 亚硝酸盐中毒时黏膜为（　　　）。

A. 粉红色　　　　　　　　B. 潮红　　　　　　　　　C. 苍白

D. 发绀　　　　　　　　　E. 黄染

3. 可视黏膜黄染的原因**不包括**（　　　）。

A. 急性肝炎　　　　B. 胆道阻塞　　　　C. 维生素 B 缺乏　　　D. 溶血性贫血

4. 犬猫可视黏膜检查的主要部位是（　　　）。

A. 眼结膜　　　　　B. 鼻腔黏膜　　　　C. 口腔黏膜　　　　D. 直肠黏膜

二、简答题

简述动物眼结膜颜色的常见主要临床病变。

第三节　体温、脉搏、呼吸数的检查

一、体温的测定

1. 家畜的正常体温

所有恒温动物都有较发达的体温调节中枢和产热散热机制，所以在外界温度不同的情况下，能保持体温的恒定，正常家畜的体温不是一成不变的，它保持在一定的变化范围之内（表 3-1）。

视频：体温、脉搏、呼吸数检查

表 3-1　常见畜禽体温的正常变化范围

动物	平均/℃	范围/℃
黄牛、牦牛、肉牛	38.3	36.7～39.7
水牛	37.8	36.1～38.5
乳牛	38.6	38.0～39.3
骆驼	37.5	34.2～40.7
猪	39.2	38.7～39.8
马	37.6	37.2～38.1
驴	37.4	36.4～38.4
绵羊	39.1	38.3～39.9
山羊	39.1	38.5～39.7
犬	38.9	37.9～39.9
猫	38.6	38.1～39.2
兔	39.5	38.6～40.1
鸡	41.7	40.6～43.0
鸭	42.1	41.0～42.5
鹅	41.0	40.0～41.3

参考《家畜生理学》韩正康第三版。

健康动物的体温，受某些生理因素的影响，会有一定程度的生理性波动。常见的影响因素有：动物的年龄、品种、性别、营养及生产性能、精神状态、运动、采食和咀嚼等。排除生理性影响之外，体温的上升或下降即为病态。

2. 体温的测量

兽医临床均以动物的直肠温度为标准，一般用水银柱式体温计进行测量。

视频：动物体温的测定操作

3. 体温升高

（1）引起体温升高的原因

① 感染性因素。常见的感染性因素有细菌感染、支原体感染、立克次体感染、螺旋体感染、真菌感染和寄生虫感染等，上述各种病原体所引起的感染，均可出现发热，其原因是病原体的代谢产物或毒素，作用于单核细胞、巨噬细胞释放出致热原而导致发热。

② 非感染性因素。

a. 抗原-抗体反应。如风湿病、血清病、药物热等。

b. 无菌性坏死产物的吸收。包括机械性、物理性和化学性损害（手术后组织损伤、内出血、大面积烧伤、五氯酚钠中毒和大血肿等），组织坏死与细胞破坏（癌症、白血病、溶血反应、淋巴瘤等），血管栓塞或血栓形成引起的心肌梗死、肺梗死、脾梗死、肾梗死或肢体坏死等。

c. 内分泌与代谢障碍。包括甲状腺功能亢进（产热过多），重度脱水（散热过少）等。

d. 体温调节中枢功能失调。如中暑、重度镇静药物中毒、脑部疾病。

e. 皮肤散热减少。包括广泛性皮炎，慢性心功能不全，临床上表现为低热。

f. 自主神经功能紊乱。由于自主神经功能紊乱，影响了正常体温调节，属功能性发热，临床上表现为低热。

（2）临床表现

根据体温升高的程度，可分为：微热（体温升高 1℃），中等热（体温升高 2℃），高热（体温升高 3℃），最高热（体温升高 3℃以上）。一般情况下，发热的程度可反映疾病的程度、性质。

① 最高热。提示某些严重的急性传染病如丹毒、炭疽、脓毒败血症、马传染性贫血等，以及日射病和热射病，另外也见于犬的产后低钙血症。

② 高热。见于急性传染病和大面积炎症。

③ 中等热。通常见于消化道、呼吸道的一般性炎症和慢性传染病，如胃肠炎、支气管炎、慢性鼻疽等。

④ 微热。仅见于局限性炎症及轻微的病程，如感冒、口腔炎和慢性卡他性炎症等。

根据发热病程的长短，可分为：急性发热（发热期持续一周至半月，超过一个月称为亚急性发热，见于多种急性传染病），慢性发热（表现为发热缠绵，持续数月至一年，多提示为慢性传染病），一过性热或暂时热（仅见于体温暂时性升高）。

（3）常见的热型及其临床意义

① 稽留热。高热持续数天或更长时间，且昼夜温差小于1℃，见于马传染性贫血、大叶性肺炎、胸膜肺炎、猪瘟、猪丹毒等。

② 弛张热。昼夜温差较大，一般超过1℃，但最低体温应高于正常水平，见于小叶性肺炎、败血症、化脓性疾病及某些非典型性传染病。

③ 双相热。体温升高后持续几天，然后又恢复到正常水平，间隔3～7天，体温又升高，见于犬瘟热等。

④ 间歇热。高热期与无热期交替出现，体温波动在数摄氏度之间，无热期持续一天或数天，反复发作，见于血孢子虫病和马传染性贫血。

⑤ 回归热。体温急骤升高，持续数天后又急骤降至正常水平，高热期与无热期各持续

若干天，即规律性地相互交替出现。

⑥ 发热无一定规律，见于支气管炎、风湿热、流行性感冒、结核病等。

⑦ 波状热。体温逐渐升高，达到最高水平后持续数天，然后又逐渐降到正常水平，数天后又逐渐升高，如此反复多次，见于布鲁氏菌病。

4. 体温下降

由于病理性因素引起体温低于正常体温的下界，称为体温过低或低体温。低体温主要见于：老龄、中毒、严重的营养不良、严重贫血、某些脑病（如脑积水和脑肿瘤），以及大失血等疾病的濒死期。大失血的濒死期有明显的低体温，同时伴有发绀、末梢冷厥、高度沉郁或昏迷、心脏微弱和脉搏不感手，多提示预后不良。

二、脉搏的检查

检查脉搏可以获得关于心脏活动机能与血液循环状态的情况，在疾病的诊断及预后的判定上都有很重要的实际意义。

视频：动物脉搏数
测定操作

1. 脉搏的检查方法

大动物检查下颌动脉或尾动脉，中小动物可触诊股动脉，如浅在动脉的波动不感于手时，可依心脏的波动或心率代替。如图 3-2 所示为临床脉搏数检查。

2. 健康动物的脉搏

动物的脉搏每分钟次数同心率，正常的脉搏数受动物的品种、年龄、性别、生产性能、季节、地区及运动、使役、采食和精神状态等的影响。

3. 脉搏的病理变化

（1）病理性增多，是心动过速的结果

引起脉搏增多的病理因素，主要有：

① 发热性疾病，这是过热的血液和毒素刺激的结果，一般体温每升高 1℃，约可引起脉搏次数相应增加 4～8 次不等。

② 心脏病时，机能代偿的结果使心跳加快而脉搏增多。

③ 呼吸系统疾病，由于有效呼吸面积减少或氧和二氧化碳交换障碍，引起心波动加强，而脉搏次数增多。

④ 各型贫血或失血性疾病（包括严重的脱水）。

⑤ 伴有剧烈疼痛性疾病，可反射性地引起心跳加快。

⑥ 某些药物中毒或药物的影响。

（2）脉搏次数减少，是心动徐缓的指征

主要见于心脏传导机能障碍，能够引起颅内压增高的疾病（脑水肿、脑肿瘤等）、胆血症（实质性肝炎或胆道阻塞性病变）、某些中毒性疾病（洋地黄中毒或迷走神经兴奋药中毒）。

视频：动物呼吸数
测量操作

三、呼吸次数的测定

1. 呼吸次数的检测方法

一般观察胸、腹壁的起伏动作或鼻翼开张动作计算，也可用一纸条放在鼻翼前观察纸条的摆动次数；寒冷季节，可按其呼出的气流计数；鸡可注意观察肛门部羽毛的收缩来计算。如图 3-3 所示。

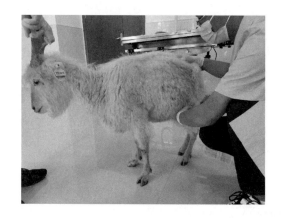

图 3-2　羊脉搏数检查

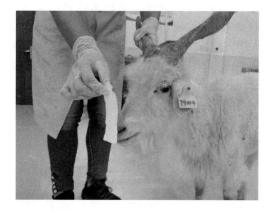

图 3-3　羊呼吸数检查

2. 健康动物的呼吸频率（表 3-2）

表 3-2　常见畜禽呼吸频率的正常变化范围

动物	频率/(次/min)	动物	频率/(次/min)
马	8～16	猪	15～24
奶牛、黄牛	10～30	骆驼	5～12
水牛	9～18	犬	10～30
绵羊	12～24	猫	10～30
山羊	10～20	鸡	15～30

参考《家畜生理学》韩正康第三版，有补充。

呼吸次数的生理变动，受年龄、品种、生理状态、季节等的影响。

3. 呼吸次数的病理性改变

（1）呼吸次数增多　引起呼吸次数增多的原因主要有呼吸器官本身的疾病；多数发热性疾病；心脏病及贫血和失血性疾病；剧烈疼痛性疾病；某些中毒病；中枢神经的兴奋性增高的疾病；引起呼吸受阻的疾病，如膈肌麻痹、胃肠鼓胀等。

（2）呼吸次数减少　呼吸次数减少主要见于中毒病、重度的代谢紊乱、颅内压升高性疾病、严重的上呼吸道狭窄。呼吸次数的显著减少，同时伴有呼吸类型与节律的改变，常提示预后不良。

4. 体温、脉搏、呼吸数三者的关系

体温、脉搏和呼吸数等生理指标的测定，是临床诊疗工作的重要内容，对任何病例，都应认真的实施，而且要随病程的经过，每天定时地进行测定，并仔细记录，必要情况下，应绘制体温、脉搏和呼吸数的曲线表。一般来说，体温（T）、脉搏数（P）、呼吸数（R）的变化在许多疾病中大体是平衡一致的，即当 T 增加时，P 与 R 也相应增加；而当 T 下降时，P 与 R 也相应地减少。若三者平行上升，表示病情加重；三者逐渐平行下降，反映病情趋向好转。然而在高热骤退的情况下，体温曲线急剧下降，而脉搏数与呼吸数上升，则反映心脏功能或中枢神经系统的调节机能衰竭，此为预后不良之征。

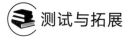 测试与拓展

一、选择题

1. **不会**引起体温测量误差的操作是（　　　）。

A. 测量前未将体温计的水银柱甩至 35℃ 以下

B. 测量前没有让动物充分地休息

C. 频繁下痢、肛门松弛、冷水灌肠后或体温表插入直肠中的粪便中

D. 测量时间在 3min 内

E. 测量时间在 3min 以上

2. 犬的正常体温范围是（　　　）。

A. 36.5～38.0℃　　　　　　　B. 36.5～38.5℃　　　　　　　C. 37.0～38.0℃

D. 37.5～39.0℃　　　　　　　E. 38.5～39.5℃

3. 牛的正常体温范围是（　　　）。

A. 37.5～38.5℃　　　　　　　B. 37.5～39.5℃　　　　　　　C. 37.50～39.0℃

D. 38.0～39.5℃　　　　　　　E. 38.5～39.5℃

4. 下列**不属于**生理性体温变化的是（　　　）。

A. 下午体温较清晨高　　　　　　　　B. 高温环境下体温升高

C. 采食后体温稍升高　　　　　　　　D. 使役、运动后大量出汗致体温降低

5. 体温测量**错误**的是（　　　）。

A. 测量前将体温计甩到 35℃ 以下，测量完毕，体温计无需再甩到 35℃ 以下

B. 动物应充分休息后再测量　　　　　C. 测量时涂润滑剂

D. 对肛门松弛的母畜，宜测阴道温度

二、简答题

简述各种动物体温测定方法与体温正常值。

第四节　被毛和皮肤的检查

检查表被状态，主要应注意其被毛、皮肤、皮下组织的变化，以及表在的外科病变。

一、被毛与羽毛

1. 正常状态

健康动物的被毛平整，光泽而美观，柔软致密不易脱落，是判定动物营养状态的参考。

2. 病理变化

① 被毛粗粝、蓬乱而无光泽、脆弱而易脱落，常为营养不良的标志，可见于一些慢性消耗性疾病，如鼻疽、传贫和寄生虫性疾病等。长期消化紊乱，营养物质不足，过劳及某些代谢性疾病时也可见。

② 局部被毛脱落，常见于一些体外寄生虫病，如头颈或躯干部的脱毛、落屑病变，同时伴有剧烈的痒感，提示为螨虫病，为进一步确诊应刮取皮屑进行显微镜检查。

二、皮肤

皮肤检查内容应注意：湿度、温度、弹性、疱疹、创伤、溃烂性病变。

1. 皮肤温度

（1）正常状态

皮肤温度检查通常以手背或手掌进行。正常皮肤温度与季节、动物种类、部位和气温变

化相关，健康马皮肤温度以腹内侧最高，头颈躯干部次之，尾及四肢部最低。为判断末梢部位的皮肤温度，可触诊鼻端、耳根及四肢末端等部位。

（2）病理状态

皮温增高是皮肤血管扩张、血流加快的结果。全身性皮肤温度增高，见于一切热性病；局部温度升高，是局部炎症反应的结果。皮肤温度降低，是体温降低的标志，可见于衰竭症、营养不良、大出血、重度贫血或中毒性疾病。皮肤温度不均、末梢冷厥，是重度循环障碍的结果，表现为耳鼻发凉、四肢末梢发冷，见于虚脱、休克。

2. 皮肤湿度

（1）正常状态

皮肤湿度标志着汗腺分泌状态。健康动物的皮肤，一般不干不湿。除因外界温度升高或使役、运动之后，偶于惊恐、紧张之际见有生理性汗腺分泌增多外，其余多为病态。

（2）病理状态

① 全身多汗。全身被毛潮湿，汗出如注，大汗淋漓，常见于热性病、中暑、中风以及某些中毒（如有机磷中毒）时。腹痛，特别是内脏器官破裂时，常见冷汗淋漓。

② 局部多汗。多为局部病变或神经机能失调的结果。临床上见有一侧头颈出汗的病例，可能与一侧交感神经机能紊乱有关。

③ 发汗较少。表现皮肤干燥，多见于严重脱水。

3. 皮肤弹性

皮肤弹性与皮肤的神经营养状态、肌纤维的收缩力量以及皮下脂肪含量的多少有密切关系。幼龄及营养良好的动物，皮肤富有弹性。

检查方法是在颈侧或肩前后等皮下组织丰富的部位，将皮肤捏成皱褶，然后放开，观察皱褶恢复原状的快慢。皮肤弹性良好，立即恢复原状，皮肤弹性减退的，恢复原状的时间延长。当动物营养不良、脱水、大失血或皮肤慢性炎症时，皮肤弹性减弱。临床上常把皮肤弹性减退程度作为判定机体脱水的指标之一。

4. 皮疹

皮疹是许多传染病和中毒病的早期症状，多由于毒素刺激或发生变态反应所致。按其发生原因和形态不同主要有以下几种：

① 斑疹：是弥散性皮肤充血和出血的结果。用手指按压红色即退的斑疹，称为红斑，见于猪丹毒、荞麦中毒；小而呈粒状的红斑，称为蔷薇疹，见于羊痘。用手按压，红色不退的，见于猪瘟及其它有出血性素质的疾病。

② 丘疹：多为圆形的皮肤隆起，由豌豆大至核桃大，是皮肤乳头层发生浸润所致。如出现在唇、颊部、鼻孔周围时，可见于马传染性口炎和滤泡性鼻炎。

③ 水疱：大小不等的内含浆液性液体的小疱，因内容物性质不同，可呈淡黄、淡红色或暗褐色。主要见于口蹄疫、痘病、流行性水疱病等。

④ 脓疱：为内含脓汁的小疱，呈淡黄色或淡绿色，见于痘病或犬瘟热。

⑤ 荨麻疹：是皮肤表面的鞭痕样隆起，大小不等，表面平坦，有剧烈痒感，常急发急散，不留痕迹，曾由于接触荨麻而发生，故称为荨麻疹。

三、皮下组织

皮下组织检查，主要注意皮肤和皮下组织的肿胀，临床上常见的有水肿、气肿和其他性质的肿胀。

1. 皮下气肿

皮下气肿是由于空气或腐败产生的气体积聚于皮下组织而引起。其特征是肿胀界限不明显，触诊时，由于气泡破裂和移动而产生捻发音。按气体的来源临床上分为串入性和腐败性气肿两种。

① 串入性气肿：是在体表移动性较大的部位发生创伤时，由于动物的运动，创口一张一合，空气即被吸入皮下，并逐渐向四周扩散，严重者可达全身皮下；或者因含气器官破裂，气体沿破裂口串入皮下组织引起。串入性气肿的特征是缺乏炎性变化，局部无热痛，除全身性气肿影响呼吸、循环外，一般无机能障碍。

② 腐败性气肿：是由于细菌感染，使局部组织腐败、分解并产生气体而蓄积于皮下所致。其特征是肿胀部温度增高、敏感、界限不清、逐渐扩大，有的出现皮肤坏死，切开时流出暗红色恶臭样带有气泡的液体，镜检可见大量细菌。肿胀多发生在肌肉丰满的部位，见于气肿疽和恶性水肿等。

2. 皮下水肿

皮下水肿又称浮肿，是由于血液循环障碍、血液稀薄、水盐代谢紊乱等原因，使皮下组织的细胞内以及组织间隙液体潴留过多所致。其特征是皮肤紧张，弹性降低，有指压痕，呈捏粉样硬度。临床上发生水肿的原因分为以下五种：

① 心性水肿：是由于心脏功能障碍，血液循环障碍，全身静脉淤血所引起。其特征是发生于远离心脏及血液回流困难的部位，如胸下、腹下、四肢末梢，肿胀无热痛，多呈对称性分布，有时伴发胸膜积水。役用家畜多在早晨出现，轻者运动后可消失。

② 营养性水肿：是由于营养不足，血液稀薄，血浆胶体渗透压降低引起。常见于各种慢性消耗性疾病、重度贫血等。其特征是皮下水肿的同时，伴有营养不良及贫血综合征。

③ 肾性水肿：是在肾功能障碍时，由于水钠潴留，血管通透性增大及大量血浆蛋白丢失引起。其特征是水肿出现迅速，水肿部位不受重力影响，以富有疏松结缔组织部位最明显，开始多发于眼睑，后期是四肢及其他部位。肾性水肿多见于犬等肉食性动物。

④ 激素性水肿：是由于体内激素代谢紊乱，引起水钠潴留而导致的一种水肿，常见于甲状腺机能减退。

⑤ 肝性水肿：主要是由于肝脏发生某些疾病时，使静脉回流受阻，血液中的水和无机盐渗出，引起水肿。

3. 皮下炎性肿胀

皮下炎性肿胀，多伴有局部发热、疼痛及全身性反应。大面积的弥散性肿胀，应考虑蜂窝织炎的可能，特别是发生于四肢部，多因创伤感染所引起。躯干局限性肿胀，如触摸柔软，提示为血肿、脓肿、淋巴液外渗和疝，宜检查其穿刺内容物来确诊。

测试与拓展

一、选择题

1. 皮下有局限性的、有波动感的肿胀，穿刺时流出淡黄色的清亮液体，提示可能是（　　）。

A. 血肿　　　　　　　　B. 脓肿　　　　　　　　C. 淋巴肿

D. 炎性肿胀　　　　　　E. 肿瘤

2. 皮下局部肿胀表现为红、肿、热、痛及机能障碍，再无其他症状，提示可能是（　　）。

A. 炎性肿胀　　　　　　　　　B. 气肿　　　　　　　　　C. 血肿

D. 脓肿　　　　　　　　　　　E. 淋巴外渗

3. 牛黑斑病甘薯中毒时出现皮下肿胀，这种肿胀类型属于（　　）。

A. 炎性肿胀　　　　　　　　　B. 水肿　　　　　　　　　C. 皮下气肿

D. 脓肿　　　　　　　　　　　E. 淋巴肿

4. 哺乳仔猪腹下出现局限性肿胀，进食后及尖叫时肿胀程度加剧，触诊有波动感，则肿胀为（　　）。

A. 炎性肿胀　　　　　　　　　B. 水肿　　　　　　　　　C. 皮下气肿

D. 脓肿　　　　　　　　　　　E. 疝气肿

二、简答题

1. 简述动物皮疹的识别方法和临床意义。

2. 临床诊断中动物皮下肿胀的类型有哪些？

第五节　浅表淋巴系统的检查

体表淋巴结及淋巴管的检查，在确定感染和传染病上有重要意义。

视频：浅表淋
巴结检查

一、浅在淋巴结的检查

1. 临床上主要检查的淋巴结

下颌淋巴结、颈浅淋巴结、膝上淋巴结、腹股沟淋巴结（阴囊淋巴结、乳房淋巴结）等。

2. 检查方法

可用视诊、触诊或结合穿刺。主要检查内容为：注意淋巴结的位置、大小、硬度、形状、表面状态、敏感性及移动性。

3. 病理变化

① 急性肿胀：表现为淋巴结肿大，表面光滑，并伴有明显的热、痛反应。急性肿胀主要见于周围组织、器官的急性感染，或某些急性传染病。

② 慢性肿胀：表现为明显增大，硬结，表面不平，无热、痛，且多与周围组织粘连，难于活动。慢性肿胀主要见于周围组织的慢性炎症，慢性传染病等，如马鼻疽、牛结核、猪瘟、丹毒。

③ 化脓：触诊有明显的波动感，穿刺有脓汁。

二、浅在淋巴管的检查

正常动物的体表淋巴管不能看见，当动物发生某些疾病时，可见到某些淋巴管肿胀、变粗，呈绳索状。常提示马鼻疽、流行性淋巴管炎。

测试与拓展

一、选择题

1. 检查浅表淋巴结活动性的基本方法是（　　）。

A. 视诊　　　　　　　　　B. 触诊　　　　　　　　　C. 叩诊

D. 听诊　　　　　　　　　E. 嗅诊

2. 淋巴结急性肿胀的特点**不包括**（　　　）。

A. 表面光滑　　　　B. 表面粗糙不平　　　C. 热、痛明显　　　D. 具有移动性

二、简答题

1. 临床检查中常检查哪些淋巴结？

2. 淋巴结常见的病理变化有哪些？

3. 简述淋巴结急性肿胀、慢性肿胀和化脓性肿胀的特点。

第四章 眼和耳的临床检查

 学习目标

知识目标

1. 掌握眼检查的主要内容及常见的病理变化。
2. 掌握眼检查的方式方法。
3. 掌握耳检查的主要内容及常见的病理变化。
4. 掌握耳的各部分的检查方法。

能力目标

1. 能够对不同动物的眼进行检查，并判断其病理变化。
2. 能够对不同动物的耳进行检查，并判断其病理变化。

素质目标

1. 培养学生具有严谨负责的工作态度。
2. 对待动物要有仁爱之心。
3. 具有吃苦耐劳精神，具备良好的职业道德，爱岗敬业。
4. 培养学生的生物安全意识，与动物接触中要做好安全防护。

第一节 眼的临床检查

眼睛是一个非常活跃的器官，它能不断地调整所允许进入的光线量，并聚焦于近处和远处的物体，产生连续的图像，并迅速传回大脑。眼睛临床检查内容包括外眼检查、眼前节检查和眼底检查。正常动物的眼睛明亮，有神气，内眼睑颜色为粉红色，角膜色彩分明。动物的某些全身性疾病会影响到眼睛，因此在检查眼睛疾病前应对动物身体状况有所了解。如图 4-1 所示。

1. 眼功能检查

眼功能检查主要检查动物眼睛的形状、轮廓、视力和视野等。应首先询问病史，包括动物品种、年龄、病程和药物使用情况等，然后观察动物在诊室内的活动状态，失明的动物往往会表现出举步小

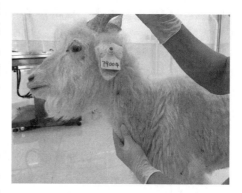

图 4-1 羊眼睛检查

心、碰撞物体、凝视状，甚至不愿活动。检查眼睛的形状和轮廓是否正常。然后在黑暗的房间里使用笔灯检查瞳孔的收缩是否正常。如动物因疼痛不配合或具攻击性，可进行局部或全身麻醉。

对动物视力进行评价后，使用 Schirmer 泪液试验条来评估泪液量，应注意如果之前滴

加过诊断试剂或进行过其他眼科检查，可能会刺激泪液增加，造成检查结果存在误差。同样，眼表的细菌培养也要先于其他检查手段进行。散瞳药是检查眼后段常用的药物，但在使用前一定要先测量被检眼的眼压。

2. 外眼检查

外眼检查主要包括眼眶、眼附属器、眼睑、泪囊、结膜、眼球。

（1）眼周检查

主要检查眼眶及眼附属器，如检查眼眶是否对称、眼球与眼眶的关系、眼眶是否出现变形。从动物头顶向下垂直观察可能更有助于发现眼球位置的异常。由于动物品种不同，眼球在眼眶内的位置也会有很大差异，因此医生一定要熟悉品种差异对眼球位置的影响。

观察眼球有无出现斜视或眼球震颤。眼球内斜视常见于暹罗猫，属于一种先天性疾病，而对于犬可能提示出现了严重的神经性疾病。眼球震颤一般也多见于暹罗猫，一般与动物的视力无直接关系，但对于其他动物提示可能存在先天性眼内疾病、获得性前庭疾病或小脑疾病。

（2）眼睑的检查

主要检查眼睑的位置、结构、功能有无异常，例如注意有无眼睑下垂、倒睫、眼睑内翻、眼睑外翻、眼睑炎及眼睑肿瘤等。同时要检查眨眼反射，眨眼反射的传出神经需要完整的面神经及眼轮匝肌，传入神经包括视神经、三叉神经。正常情况下，当接触眼眶周边的皮肤时，可诱发迅速而完整的眨眼。

上下眼睑应该与眼球保持接触。眼睑的轮廓应该是规则的，并具有一定曲线，而且在眼睑边缘还可以见到睑板腺的开口。双行睫通常生长于睑板腺开口之间，而异位睫往往生长于上眼睑结膜内，这些异常生长的睫毛必须通过仔细地检查才可以发现。

（3）结膜和瞬膜

可通过翻开上下眼睑，检查睑结膜，观察是否出现过多的淋巴滤泡、结膜水肿、结膜出血、结膜撕裂等。结膜的颜色还可以用于评估动物是否出现贫血或黄疸。如图4-2所示。

瞬膜的结膜球面和结膜睑面的检查是诊断常见眼表疾病的重要方法。瞬膜常见的疾病包括瞬膜软骨外翻、瞬膜腺脱出、滤泡性结膜炎、瞬膜囊内异物，如第三眼睑脱出（瞬膜腺脱出），该病俗称樱桃眼，即第三眼睑腺体自内眼角脱垂，脱出物发炎肿胀，外观上在内眼角能看到红色的肉团状突出物。

图4-2　羊的结膜

3. 眼前节检查

眼前节又称眼前段，指位于晶状体以前的部位，包括角膜、巩膜、前房、虹膜、瞳孔和晶状体。

（1）巩膜

仔细检查巩膜有无颜色变化、有无肿物、有无撕裂伤。通常在巩膜表面可以见到小血管，偶尔在巩膜的背外侧见到粗大的静脉。巩膜血管的扩张与充血多见于急性青光眼发作期，甚至在青光眼得到有效控制的情况下，巩膜上的充血的血管仍不会消退。巩膜血管充血通常也会与炎症有关。虹膜睫状体炎造成的巩膜充血，如果局部使用去氧肾上腺素，充血的血管不会有任何变化；而结膜炎引起的血管充血，使用去氧肾上腺素后，充血的血管会立刻变白。

（2）角膜

正常的角膜是透明的，无血管，湿润且无色素沉着。角膜的检查项目包括：角膜透明度、新生血管、湿润度、角膜轮廓以及是否发生角膜溃疡。角膜上的新生血管分为两种形式：浅表性血管和深层血管。浅表性血管位于角膜基质表面，深度不会超过全角膜厚度的1/2，角膜上浅层的血管通常会延伸至结膜，呈树枝状，并且主要与眼表疾病有关。深层血管会延伸至角膜缘，并且"中断"于角膜缘，主要与眼内炎症有关。

如果不对角膜进行荧光素染色，那么角膜的检查将是不完整的。荧光素用于检查角膜表面是否发生了溃疡。荧光素是水溶性的，角膜上皮是脂溶性的，因此，如果角膜上皮是完整的，荧光素是无法着色的，当发生角膜溃疡时，荧光素就会附着于角膜上皮下的基质层，从而显色。

（3）眼前房

使用裂隙灯检查眼前房，当房水内的蛋白含量升高时，往往会表现出"房水闪辉"。当动物出现房水闪辉时，则说明发生了葡萄膜炎。虹膜的检查项目包括：虹膜的颜色、虹膜形状、瞳孔大小和虹膜的运动。不同品种的犬，虹膜的颜色也会有差异。当动物发生虹膜炎时，虹膜的颜色往往变深。

（4）晶状体

正常情况下，晶状体是无血管的透明结构。晶状体的检查项目包括：透明度、晶状体位置及大小。局限性的白内障可发生于晶状体的任何部位。早期白内障时，晶状体皮质往往会出现空泡状或水格栅状，一般不会影响动物视力，随着白内障的发展最终整个晶状体完全变白不透明，此时动物便失明了。白内障是目前动物为数不多的可以治愈的眼科疾病。如犬在6岁左右将会出现晶状体核硬化，有的犬在3岁左右就会出现晶状体皮质和晶状体核的折光发生改变，但无论怎样，晶状体核硬化不会影响动物视力。

（5）玻璃体

正常情况下，玻璃体呈透明胶状。玻璃体一般主要通过检眼镜进行检查。检查玻璃体是否出现玻璃体丝条、星形玻璃体退变、出血及炎性细胞的浸润。玻璃体还可能发生液化，并且在玻璃体内产生不透明区域，这种不透明区域会随着眼球的运动而运动。医生应该仔细区分眼内的不透明是来源于晶状体还是玻璃体。

4. 眼底检查

眼底是最后的检查项目，一般通过直接检眼镜或间接检眼镜检查。药物散瞳后对眼底进行详细的检查。眼底检查项目包括：有无视网膜脱落、视网膜出血、脉络膜视网膜发育不良、视网膜缺损等，同时还应检查视盘的大小、形状、颜色。视盘的肿胀或炎症通常会造成动物失明。

测试与拓展

一、选择题

1. **不属于**眼折光系统的结构是（　　　）。

A. 角膜　　　　　　　　　　B. 虹膜　　　　　　　　　　C. 房水

D. 晶状体　　　　　　　　　E. 玻璃体

2. 常用的洗眼液为（　　　）。

A. 2％硼酸　　　　　　　　B. 2％煤酚皂　　　　　　　C. 2％苯扎溴铵

D．2%过氧乙酸　　　　　　　　E．2%高锰酸钾

3．眼角膜手术时，全身麻醉应配合实施（　　）。

A．表面麻醉　　　　　　B．脊髓麻醉　　　　　　C．局部浸润麻醉

D．面神经传导麻醉　　　E．三叉神经传导麻醉

4．犬猫可视黏膜检查的主要部位是（　　）。

A．眼结膜　　　　　　　B．鼻腔黏膜　　　　　　C．口腔黏膜

D．直肠黏膜　　　　　　E．阴道黏膜

5．可引起犬眼内压升高的疾病是（　　）。

A．角膜炎　　　　　　　B．虹膜炎　　　　　　　C．结膜炎

D．青光眼　　　　　　　E．白内障

二、简答题

1．眼睛的结构有哪些？

2．简述外眼的检查内容。

第二节　耳的检查

动物耳朵类型可分为直立耳、半直立耳、垂耳和半垂耳，动物多为直立耳。健康动物的耳部无痛感，耳壳皮肤无瘙痒，无掉毛和皮屑。翻开耳朵检查时，耳道内干净、无分泌物堵塞、无异味，呈现浅粉红色。除了自身的损伤外，耳部异常多是全身性疾病的部分表现。耳的检查项目包括耳廓、耳道、鼓膜、中耳及内耳。每次检查都应检查双耳，并从状况好的那一只耳开始。

一、外耳的检查

外耳检查包括耳廓的完整性，耳内外有无肿胀增厚（包括血肿）、体外寄生虫，软骨有无疼痛、钙化，外耳道有无分泌物等。

1. 耳廓的检查

（1）温度变化　触诊耳廓，检查耳温有无改变。耳温发生改变，多是由于炎症或外周血液循环减少所致。

（2）结构变化　检查者注意耳廓的对称性和完整性。耳廓结构会因为肿瘤而发生改变，但结构变化更常见的原因是由于创伤造成的缺损或软骨骨化。

（3）皮肤变化　耳廓的皮肤病变，常常是由于相互撕咬或自残所致，特别是急性病变。慢性皮肤病变，表现为耳廓凹面出现鳞屑、黑色素沉着及表皮层增殖等，多见于疥螨病、蠕形螨病、皮肤真菌病等。

2. 耳道的检查

（1）一般临床检查

首先检查耳道入口的宽度，在正常情况下能看到垂直耳道的前半部分。耳道入口有可能因为皮肤肿胀或皮肤增生而变狭窄。触诊时，耳道的弹性会因为耳道增生及软骨骨化而变弱。耳道发生严重增生时，耳道周长也会随之增加。除此之外，耳道入口还可能看到过量的病理性分泌物，如过量的皮质性耳垢、混有脓汁或血液的耳垢，并闻到异常强烈的臭味。

（2）耳镜检查

如果要检查深部耳道就必须借助专门的器械检查，临床常用检耳镜。检耳镜是由附有可

更换式锥形耳套的耳窥镜、小型光源及放大镜所构成。首先将动物保定，然后用左手抓住耳廓向腹外侧拉，这样垂直耳道就会和水平耳道近似变成一条直线。此时，右手持检耳镜，小心放入耳道内。只要保持耳道平直，并在观察时随着检耳镜向各方向缓缓移动耳道，便可观察到全部的外耳道及鼓膜。

（3）耳道清洗

当耳道有过多的分泌物或鳞屑时会妨碍耳道检查，此时必须先冲洗耳道。临床常用生理盐水或商品化洗耳液冲洗。但如果需要用显微镜检查耳分泌物内有无寄生虫，或者要做分泌物细菌学检查，需先收集病料后再冲洗耳道。

二、鼓膜的检查

鼓膜是一层具有透光性的膜。鼓膜绷紧的部分，称为鼓膜紧张部，颜色呈灰蓝色，而在鼓膜紧张部内，可见白色轮廓的椎骨柄。鼓膜上方为松弛部，颜色呈粉红色，具有弹性。

1. 颜色改变

当发生外耳炎或中耳炎时，鼓膜颜色会改变。如慢性外耳炎时，鼓膜颜色会变成白色，或者透光度减弱，此时鼓膜会明显增厚。若是中耳出现炎症反应，则鼓膜的颜色会变成红色，而其他的结构看不清楚。

2. 鼓膜缺失破裂

如果鼓膜发生穿孔，则穿孔区通常看起来是暗的。倘若鼓膜严重撕裂的话，有可能直接看到中耳部。临床常见于慢性外耳炎、耳息肉等。

三、中耳的检查

只有当鼓膜破裂时，才能由检耳镜看到中耳。健康动物中耳的黏膜呈现黄白色。若发生炎症反应，则变成红色。如果需要更深入地检查颅骨内的耳部结构，可进行影像学检查。

临床上引起动物中耳炎的原因有细菌感染，如假单胞菌、中间葡萄球菌、棒状杆菌和厌氧菌等；真菌感染，如马拉色菌、曲霉菌、念珠菌等；其他，如异物、肿物、炎性息肉、创伤等。

四、听力的检查

检查动物的听力，通常可观察动物对哨声、拍手或甩门声的反应。应当注意的是，制造这些声响时，不应让动物看到。若动物对上述任何一种刺激都没有反应的话，那么双耳就可能有严重的听力问题。进一步，可利用脑干诱发反应电位进行听力检查，分别检查两侧耳朵的听力。

引起耳聋原因有：传导性障碍，见于外耳道分泌物或异物阻塞、鼓膜破裂、严重的外耳炎、中耳炎等；感觉神经异常，见于内耳结构异常、听神经和中枢神经损害，如遗传性耳聋、毒物损伤神经、老年耳聋等。

📚 测试与拓展

一、选择题

1. 犬，5岁，头向一侧倾斜，有时出现转圈运动，体温39.7℃，听力下降。耳镜检查见鼓膜穿孔，X线检查鼓室泡骨性增生。此病**不宜**采用的治疗方法是（　　　）。

　　A. 电烧灼　　　　　　　　B. 耳腔冲洗　　　　　　C. 抗生素滴耳

　　D. 中耳腔刮除　　　　　　E. 全身应用抗生素

2. 中耳炎的发病部位是（　　　）。

　　A. 垂直外耳道　　　　　　B. 水平外耳道　　　　　C. 骨迷路和膜迷路

　　D. 鼓室和咽鼓室　　　　　E. 耳廓

二、简答题

1. 简述外耳的检查内容。

2. 鼓膜常见的病理表现有哪些？

第五章　心血管系统临床检查

学习目标

知识目标

1. 掌握心搏动的临床检查方法。
2. 掌握心脏听诊检查方法及听诊部位。
3. 掌握血压测定的方法及临床诊断意义。

能力目标

1. 能够对动物进行心搏动的检查，并判断其病理变化。
2. 能够对动物进行心脏的听诊，并判断其性质、节律等变化。
3. 能对动物进行血压的测定并对结果进行解读。
4. 能够独立对动物心血管系统进行检查并做出初步诊断。

素质目标

1. 在心血管检查过程中要严格按照检查原则进行，不可随意操作，培养学生尊重秩序、遵纪守法。
2. 心血管系统对动物机体至关重要，因此检查时要细致，对待结果要认真分析，具有责任意识。
3. 动物的临床检查脏、累，需要培养吃苦耐劳精神。

心脏血管系统是维持生命活动的重要系统，主要参与机体的血液循环代谢，与其他系统关系极为密切。本系统原发病虽不多，但当发病时，必然要引起其他系统机能障碍；其他系统疾病，也常常影响本系统的机能。如二尖瓣闭锁不全，易引起肺淤血。反之肺炎时，由于肺淤血而引起心室扩张，进而心收缩无力而引起全身淤血。特别是传染病（猪瘟、猪丹毒、传染性胸膜肺炎）及寄生虫病的经过中，由于毒素对机体的作用而使心肌发生功能障碍，间接或直接威胁着生命的安全。此外，根据心脏血管受害程度，往往可判定愈后。心脏检查，一般应用视诊、触诊、叩诊和听诊的方法进行。必要时可选做心电图、心音图和动脉压、静脉压测定。

视频：心血管系统检查

第一节　心搏动的临床检查

通过触诊检查心搏动强度、频率及其敏感性，心搏动亢进时，视诊心区部亦可。心搏动是心室收缩冲击左侧心区的胸壁而引起的震动。

一、检查方法

① 检查者位于动物左侧，视诊时仔细观察左侧肘后心区被毛及胸壁的振动情况。

② 触诊时，一般在左侧进行，检查者一只手（通常是右手）放于动物的鬐甲部，用另一只手（通常是左手）的手掌紧贴于动物的左侧肘后心区，感知心搏动的状态。

③ 必要时可在右侧进行检查，主要判定心搏动的位置、频率及强度变化。如图 5-1 所示。

二、正常状态

健康动物，随每次心室的收缩而引起左侧心区附近胸壁的轻微振动。牛、羊心搏动在肩端线下 1/2 部的第 3~5 肋间，以第 4 肋间最明显；马的心搏动在

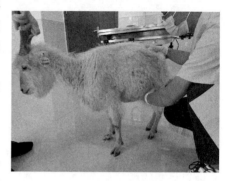

图 5-1　羊脉搏数测定

左侧胸廓下 1/3 部的第 3~6 肋间，以第 5 肋间最明显；犬的心搏动在左侧第 4~6 肋间的胸廓下 1/3 处，以第 5 肋间最明显。

正常情况下，心搏动的强弱，取决于心脏的收缩力量、胸壁厚度及胸壁与心脏之间介质的状态。健康家畜由于营养状况不同，胸壁厚度不同，其搏动强度也不同。如过肥的动物因胸壁厚而心搏动较弱，营养不良或消瘦的动物，因胸壁较薄而心搏动较强。此外，使役及运动后、外界温度升高、兴奋或受惊时也增强。

三、病理状态

（1）心搏动减弱

触诊时感到心搏动力量减弱，并且区域缩小，甚至难以感知。多因胸壁浮肿、气肿、脂肪过多沉积及心力衰竭等，也可见于胸腔积液、肺气肿及创伤性心包炎等。

（2）心搏动增强

触诊时感到心搏动强而有力，并且区域扩大，甚至引起动物全身的振动，有时沿脊柱亦可感到心搏动。当心搏动过强，伴随每次心动而引起的动物的体壁发生振动时称为心悸。主要见于热性病初期、心脏病代偿期、贫血性疾病及伴有剧烈疼痛的疾病。

（3）心搏动移位

向前移位见于胃扩张、腹水、膈疝；向右移位，见于左侧胸腔积液；向后移位，见于气胸或肺气肿等。

（4）心区压痛

触压心区时，动物表现敏感、躲闪、呻吟等疼痛症状，可见于心包炎、胸膜炎等。

测试与拓展

一、选择题

1. 下列**不是**心搏动增强（心悸）病因的是（　　）。

A. 发热病的初期　　　　　　　B. 心内膜炎　　　　　　　　C. 心肌炎

D. 伴有剧烈疼痛的疾病　　　　E. 胸腔积液

2. 下列可引起心搏动减弱的疾病是（　　）。

A. 发热病的初期　　　　　B. 心内膜炎　　　　　C. 心肌炎

D. 伴有剧烈疼痛的疾病　　E. 慢性肺泡气肿

3. 心搏动移位见于下列情况，（　　）除外。

A. 心包纵隔胸膜粘连　　　　　　　B. 膈疝

C. 胸腔积液　　　　　　　　　　　D. 气胸

4. 心搏动移位的影响因素，（　　）除外。

A. 腹水　　　　B. 妊娠后期　　　　C. 心包积液　　　　D. 肺气肿

二、简答题

1. 心血管系统检查有何诊断意义？

2. 影响心搏动的因素有哪些？简述心搏动异常的临床意义。

第二节　心脏的听诊

心脏听诊是检查心脏最重要的方法之一，因为心脏听诊不仅可检查出心脏本身的疾病，而且可判定疾病的愈后。因此，任何疾病经过中，都应进行心脏的听诊。对心脏进行听诊的目的，在于确定心音性质、频率、节律及有无心脏杂音等。听诊时注意听诊器要紧贴听诊部皮肤，并最好是在安静的室内进行。

一、检查方法

被检动物取站立姿势，使其左前肢向前伸出半步，以充分显露心区。检查者将听诊器集音头放于心区部位即可进行间接听诊。应注意心音的频率、强度、性质及是否有分裂、杂音或节律不齐。当心音微弱而听不清时，可使动物做短暂的运动，并在运动之后立即听诊，可使心音加强有助于辨认。

视频：心音听诊

正常情况下，听诊心脏时，第一心音在心尖部（第4或第5肋间下方）较强。第二心音在心基部（第4肋间肩关节水平线下方）较强。因此，判定心音增强或减弱，须在心尖部和心基部比较听诊，两处心音都增强或都减弱时，才能认为是增强或减弱。心音强弱决定于心音本身的强度（心肌的收缩力量、瓣膜状态及血液量）及其向外传递介质状态（胸壁厚度、胸膜腔及心包腔的状态）。但是第一心音的强弱，主要决定于心室的收缩力量；第二心音的强弱，则主要决定于动脉根部血压。如图 5-2 所示为羊的心脏听诊。

图 5-2　羊心脏听诊

二、正常状态

心音是心室收缩与舒张活动所产生的音响。心机能正常时，在心脏部听诊，可听到两个有节律的类似"嗵—哒、嗵—哒"的交替出现的音响。前者为第一心音，后者为第二心音。

第一心音的特点是音调低，持续时间长，尾音也长，但到第二心音发生时间间隔较短。其产生是由心肌收缩音、两房室瓣同时闭锁音及心室驱出的血液冲击动脉管壁的声音混合而成。因发生于心缩期，故称为缩期心音。其出现与心搏动及脉搏一致。

第二心音的特点是音调高，响亮而短，尾音消失快，与下一次第一心音时间间隔长。其产生是由于心室舒张时，两动脉瓣同时关闭，两房室瓣同时伸张及心肌舒张音混合而成。因发生于心舒期，故称舒期心音。其出现与心搏动及脉搏不一致。

在正常情况下，两心音不难区别，但在心跳增数时，两心音的间隔几乎相等则不易区别。这时可一边听心音，一边触诊心搏动，与心搏动同时出现的心音是第一心音，与心搏动不一致的心音是第二心音。在心脏部任何一点，都可以听到两个心音，但由于心音沿血液方向传导，因此只能在一定部位听诊才听得最清楚。临床上把心音听得最清楚的部位，称为心音最强（佳）听取点。不同种类动物心音最佳听诊部位见表5-1。

表 5-1　动物心音最佳听诊部位

动物种类	第一心音		第二心音	
	二尖瓣口	三尖瓣口	主动脉口	肺动脉口
牛、羊	左侧第4肋间，主动脉口的远下方	右侧第3肋间，胸廓下1/3的中央水平线上	左侧第4肋间，肩端线下1~2指处	左侧第3肋间，胸廓下1/3的中央水平线上
马	左侧第5肋间，胸廓下1/3的中央水平线上	右侧第4肋间，胸廓下1/3的中央水平线上	左侧第4肋间，肩端线下1~2指处	左侧第3肋间，胸廓下1/3的中央水平线上
猪	左侧第5肋间，胸廓下1/3的中央水平线上	右侧第4肋间，肋骨和肋软骨结合部稍下方	左侧第4肋间，肩端线下1~2指处	左侧第3肋间，接近胸骨处
犬	左侧第5肋间，胸壁下1/3的中央	右侧第4肋间，肋骨与肋软骨结合部一横指上方	左侧第4肋间，肩端线下1~2指处	左侧第3肋间，接近胸骨处或肋骨与肋软骨结合处

三、病理状态

（1）心音频率改变

心音频率是指每分钟的心音次数。高于正常值时，称心率过速。低于正常值时，称心率徐缓。其引起的原因和诊断意义与心搏动及动脉脉搏频率的异常变化基本相同。

（2）心音的强度变化

① 第一、二心音均增强。可见于热性病的初期，心脏机能亢进以及兴奋或伴有剧痛性的疾病及贫血等。

② 第一、二心音均减弱。可见于心脏机能障碍的后期、濒死期、严重的贫血及渗出性胸膜炎、心包炎等。

③ 第一心音增强、第二心音减弱。在第一心音显著增强的同时，常伴有明显的心悸，而第二心音微弱甚至听取不清，主要见于心脏衰弱或大失血、脱水以及其他引起动脉血压显著下降的各种病理过程。

④ 第一心音减弱。主要见于二尖瓣闭锁不全、心肌炎及心脏扩张等，常可能伴有心杂音。

⑤ 第二心音增强。主要由于肺动脉及主动脉血压升高所致，可见于肺气肿或肾炎。

⑥ 第二心音减弱。可见于各种原因引起的心动过速、贫血和休克等。

（3）心音性质的改变

常表现为心音浑浊，音调低沉且含混不清，听诊时无法区分第一心音和第二心音。主要见于热性病及其他导致心肌损害的多种病理过程。

（4）心音分裂

表现为某个心音分成两个相连的音响，以致每一心动周期中出现近似三个心音。

① 第一心音分裂。主要是二尖瓣和三尖瓣不同步关闭所致。可见于心肌损伤及其传导机能的障碍。

② 第二心音分裂。主要由于主动脉瓣与肺动脉瓣的不同时关闭所致，可见于重度的肺充血或肾炎。

（5）心杂音

伴随心脏的收缩、舒张活动而产生的正常心音以外的附加音响，称为心杂音。依病变存在的部位而分为心外性杂音与心内性杂音。

① 心外性杂音。主要是发生于心腔以外的心外膜或其他部位的杂音。如心包杂音，其特点是听之距耳较近，用听诊器的集音头压于心区听诊则杂音可增强。若杂音的性质类似液体的振荡声，称心包拍水音；若杂音的性质呈断续性的、粗糙的擦过音，则称心包摩擦音。心包杂音是心包炎的特征，当牛创伤性心包炎时尤为典型而明显。

② 心内性杂音。是指发生于心腔或血管内的杂音。依心内膜是否有器质性病变而分为器质性杂音与非器质性杂音。依杂音出现的时间又分为缩期性杂音及舒期性杂音。

a. 心内性非器质性杂音。其声音的性质较柔和，如吹风样，多出现于心缩期，且随病情的好转、恢复或用强心剂后，杂音可减弱或消失。

b. 心内性器质性杂音。是慢性心内膜炎的特征。其杂音的性质较粗糙，随动物运动或用强心剂后而增强。因瓣膜发生形态的改变，如出现房室瓣闭锁不全（杂音出现于心缩期）或动脉瓣闭锁不全（杂音出现于心舒期），杂音多是持续性的，应用强心剂会使杂音更加明显，当房室口狭窄或动脉口狭窄时也会出现心内杂音。见于心内膜炎、风湿病、心肌炎及慢性猪丹毒等。

为确定心内膜的病变部位及性质，应注意明确杂音的分期性与心杂音最明显的部位，以判定发生部位与引起的原因。

（6）心律不齐

正常心脏收缩频率和节律遭到破坏，表现为心脏活动的快慢不均及心音的间隔不等或强弱不一。主要提示心脏的兴奋性与传导机能障碍或心肌损伤，常见于心肌的炎症、心肌营养不良或变性、心肌硬化等。为进一步分析心律不齐的特点和意义，必要时应进行心电图描记。

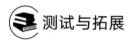 测试与拓展

一、选择题

1. 动物发生肺炎初期，其心音变化表现为（　　）。

A. 第一心音增强　　　　　　B. 第二心音增强　　　　　C. 第一、第二心音同时增强

D. 第四心音　　　　　　　　E. 缩期前杂音

2. 第一心音与第二心音相比（　　）。

A. 前者音调低　　　　　　　B. 后者持续时间长　　　　　C. 后者钝浊

D. 以上都是　　　　　　　　E. 以上都不是

3. 犬二尖瓣最佳听诊位点在胸廓下 1/3 中央水平线上（　　）。

A. 右侧第 4 肋间　　　　　　B. 左侧第 4 肋间　　　　　C. 左侧第 5 肋间

D. 右侧第 5 肋间　　　　　　E. 左侧第 3 肋间

4. 下列关于动物心音最强听取点的叙述中，正确的是（　　）。

A. 牛二尖瓣口听取点位于左侧第 5 肋间，主动脉口的远下方

B. 牛肺动脉瓣口听取点位于右侧第 3 肋间，胸廓下 1/3 的中央水平线下方

C. 猪二尖瓣口听取点位于左侧第 4 肋间，猪动脉瓣口的远下方

D. 犬主动脉瓣口听取点位于右侧第 4 肋间，肱骨结节水平线上

E. 马三尖瓣口听取点位于左侧第 5 肋间，肩关节水平线下方一二指处

5. 听诊检查心音时，若心音与脉搏同时出现，此时的心音为（　　）。

A. 第一心音　　　　　　　　B. 第二心音　　　　　　　　C. 第三心音

D. 第四心音　　　　　　　　E. 缩期前杂音

6. 心音强度的影响因素，（　　）除外。

A. 胸壁厚度　　　　B. 心室收缩力　　　C. 心脏大小　　　D. 肺含气量

7. 第一心音增强的因素，（　　）除外。

A. 贫血　　　　　　B. 发热　　　　　　C. 主动脉关闭不全　D. 二尖瓣狭窄

8. 第一心音减弱的因素，（　　）除外。

A. 主动脉关闭不全　B. 二尖瓣关闭不全　C. 心衰　　　　　　D. 高血压

9. 第二心音增强的因素，（　　）除外。

A. 肾炎　　　　　　B. 左心衰竭　　　　C. 主动脉关闭不全　D. 二尖瓣狭窄

10. 第二心音减弱的因素，（　　）除外。

A. 大出血　　　　　B. 严重脱水　　　　C. 主动脉关闭不全　D. 肺源性心脏病

11. 肯定属于器质性心脏杂音的是，（　　）除外。

A. 舒张期杂音　　　　　　　　　　B. 收缩期杂音

C. 连续性杂音　　　　　　　　　　D. 随体位变化而改变的杂音

12. 属于功能性心脏杂音的是（　　）。

A. 心包摩擦音　　　B. 发热　　　　　　C. 心肺性杂音　　　D. 收缩期杂音

二、简答题

1. 如何确定心脏叩诊区、听诊区？

2. 何谓心音频率、强度、性质及节律？它们在临床上的意义如何？

3. 简述心杂音的分类及临床意义。

第三节　血压的测定

　　血压是动物最为重要的生理指标之一，动物血压的测定对于家畜心血管系统疾病、血液病，发热、疼痛等疾病的诊断和研究都有重要的意义，对危重动物的抢救、治疗和愈后也有重要的参考价值。

　　血压产生于心室收缩，是推动血液前进时对血管壁造成侧压。心室收缩时，动脉压上升并达到峰值，此时的血压称为收缩压；心室舒张时，主动脉压下降到最低时的压力称为舒张压。一般说的血压是指主动脉压，由于动脉血压下降很小，故通常以肱动脉压代表主动脉压，即血压。

　　血压测量的方法有直接测定法和间接测定法。直接测定法因动物需要麻醉不能准确反映动物在正常生理状态时的血压，因而不适于临床推广，多用于科研及医疗机构对血压的监测。间接测量法又称无创测量，它不打开血管，而是通过检测血管壁的运动、搏动的血流和血液的脉波来间接获得血压值。间接测量方法包括听诊法、脉冲法、触诊法、超声波技术及波动检测技术。前三种方法由于在动物血压测量过程中误差较大，后两种方法使用较多。下面以多普勒超声技术测定犬血压为例。

一、检查方法

（1）保定

动物适当保定，俯卧或侧卧，使动物舒适放松。检测部位有跖背部、趾部与尾根部腹侧的动脉。

（2）准备机器

连接上多普勒测量系统，将多普勒探头连接到放大器上，在有外音干扰时，可以连接耳机使用。

（3）剃毛

将动物的前肢或后肢掌侧的毛剃掉，暴露出掌侧总动脉区。动物对剃毛比较抗拒，剃毛尽量要快，剃完等其平静后再进行测量。

（4）选择袖带

选择袖带的宽度等于前臂或小腿的直径，将袖带和含充气装置的压力计相连，并检查连接及袖带漏不漏气。将袖带缠绕在肢体上，注意不要过紧和过松。用超声波耦合剂在事先剃毛的掌侧均匀地涂一层，然后再在探头上挤一些耦合剂。

（5）仪器测定

打开探头电源，将探头放于掌侧剃毛处。用拇指固定探头，轻轻滑动以寻找动脉血流声音，只要未发生循环不良，都很容易在放大器上听到动脉血流的声音。听到清楚的声音后，左手拇指固定好探头，不要将探头压得太紧，右手开始给袖带加压。当不再听到声音时再加压 30mmHg。然后慢慢地放出空气，使压力计指针缓慢下降，当再次出现动脉血流声音时，压力计指针的读数即为收缩压，也就是我们用间接多普勒测量法测得的血压。用多普勒测量舒张压时，是当测得收缩压后继续缓慢放出袖带内的空气，当动脉血流声音突然变大时，压力计的读数即为舒张压。但这一变化极为不明显，对于体型小的犬和猫很难辨别，测得的值偏差较大，所以使用多普勒测量血压时，只测量收缩压。

（6）结果判读

每隔 2min 测量一次，一般需测量 6 次，去掉最高和最低的两个结果，剩下 4 个求平均值。因为诸多原因，动物正常血压并没有一个严格的标准。一般认为，当犬的收缩压超过 210mmHg，猫的收缩压超过 200mmHg 时，就诊断为高血压。

二、临床意义

（1）血压升高

见于剧烈疼痛性疾病、热性病、左心室肥大、肾炎、动脉硬化、铅中毒、红细胞增多症、输液过多等。

（2）血压降低

见于心功能不全、外周循环衰竭、大失血、慢性消耗性疾病、二尖瓣口狭窄等。

三、注意事项

测定血压时应该注意，动物要保持安静，尽量避免骚动不安，防止肢体移动使袖带内压力发生变化，影响测定结果。为了得到准确度较高的血压值，应反复测定 6 次，去掉最高和最低的两个结果，剩下 4 个求平均值。要求熟练掌握测定方法。

测试与拓展

一、选择题

1. 牛因创伤失血，导致尿量减少，经测定动脉血压降至正常值的 70%。其尿量减少的原因是（   ）。

A. 肾小球毛细血管血压下降　　　B. 囊内压下降　　　　　　　C. 血浆胶体渗透压下降

D. 血浆晶体渗透压下降　　　　　E. 滤过膜通透性下降

2. 关于血压说法**错误**的是（   ）。

A. 反映血流速度　　　　　　　　　　B. 动物兴奋、紧张或使役后，血压可升高

C. 指动脉管内的压力　　　　　　　　D. 热性病时血压升高

二、简答题

1. 简述血压测量的临床意义。

2. 血压测量时应注意哪些问题？

第六章　呼吸系统临床检查

学习目标

知识目标

1. 掌握呼吸运动临床检查的方法及病理意义。
2. 掌握胸廓及胸壁检查的方法及常见病理症状。
3. 掌握上呼吸道检查内容及方法。
4. 掌握胸肺部听诊的方法及常见病理表现。

能力目标

1. 能够对动物进行呼吸运动的临床检查，并判断其病理变化。
2. 能够对动物的胸廓及胸壁进行检查，并判断其病理状态。
3. 能对动物上呼吸道进行检查，并判断其状态。
4. 能独立对动物胸肺部进行听诊检查，并判断是否出现病变。

素质目标

1. 呼吸系统疾病的早期临床症状不太明显，因此学生要养成认真观察、善于发现的能力。
2. 发现可疑疾病后，要不慌乱，按照规则进行临床检查，认真分析总结检查结果。
3. 注意人畜共患病，对动物进行呼吸系统检查时，要做好生物安全防护。

　　动物呼吸系统疾病发病率仅次于消化系统疾病。这是由于呼吸道直接与外界相通，所以机械的、化学的和微生物的各种因素都能引起呼吸系统疾病。此外，在许多传染病经过中，也常常出现呼吸系统症状，如流行性感冒、鼻疽、传染性胸膜肺炎、牛结核、牛恶性卡他热、猪肺疫、猪气喘病、犬瘟热、鸡支原体病等。某些寄生虫，如羊鼻蝇幼虫、牛（羊、猪）肺线虫、肺棘球蚴等也可侵害呼吸系统而致病。

视频：呼吸
系统检查

　　动物患有呼吸系统疾病时，不仅降低工作能力和生产能力，而且严重地影响幼畜的生长和发育，甚至引起动物死亡，带来经济损失。由此可见，呼吸系统检查具有很重要的临床意义。只有熟练地掌握呼吸系统的检查方法和项目，才能对许多呼吸系统疾病进行早期诊断，从而提出合理的防治措施。

　　呼吸系统的检查方法，主要是利用视诊、触诊、嗅诊、叩诊和听诊等物理学检查方法，其中以听诊最为重要。必要时可以应用 X 线检查以及超声检查。此外，还可进行胸腔穿刺液、鼻液和痰液的显微镜检查和化学检查。应用内镜检查鼻腔和咽喉，有时也可提供重要的诊断依据。

第一节　呼吸运动的临床检查

检查呼吸运动，对某些呼吸系统疾病能获得重要的诊断依据，同时对预后判定上也有一定意义。检查呼吸运动时，主要是检查呼吸数、呼吸式、呼吸节律，以及有无呼吸困难和呼吸运动是否对称。

一、呼吸数检查

关于呼吸数检查，详见第三章。

二、呼吸方式检查

1. 检查方法

注意观察动物呼吸过程中胸廓、腹壁的起伏强度及对称性，以判定呼吸方式。

视频：动物的
呼吸方式检查

2. 正常状态

呼吸方式又称呼吸类型。健康动物（除犬外）均为胸腹式呼吸，即在呼吸时，胸壁和腹壁的起伏动作协调，呼吸肌的收缩强度亦大致相等。健康犬则为胸式呼吸。临床上单纯的呼吸的类型比较少见，常见的是一种类型占优势的混合呼吸。

3. 病理状态

（1）胸式呼吸

表现为呼吸活动中胸壁的起伏动作占优势，腹部的肌肉活动微弱或消失，胸壁的起伏明显大于腹壁，除犬外其他动物若出现胸式呼吸常表明病变在腹腔器官和腹壁。主要见于膈肌的活动受阻及引起腹压显著升高的疾病，如牛创伤性网胃炎、膈肌炎、腹膜炎、腹壁疝及腹壁外伤等。此外，膈破裂和膈麻痹也可出现胸式呼吸。

（2）腹式呼吸

呼吸过程中腹壁的活动特别明显，而胸壁起伏活动很微弱，提示病变在胸部。可见于肺气肿及伴有胸壁疼痛的疾病，如胸膜炎、肋骨骨折、心包炎、肺泡气肿等，猪气喘病时也多呈明显的腹式呼吸。

三、呼吸节律检查

1. 检查方法

视诊法观察呼吸过程，根据每次呼吸的深度和间隔时间的均匀程度，判定呼吸节律。

2. 正常状态

健康动物呼吸运动呈一定的节律性，即吸气后紧接着呼气，每次呼吸之后，经过短暂的间歇期再进行下一次呼吸，如此周而复始的呼吸称为节律呼吸。生理情况下，吸气与呼气时间之比因动物种类不同而有一定差异，牛为 $1:1.26$，绵羊和猪为 $1:1$，山羊为 $1:2.7$，马为 $1:1.8$，犬为 $1:1.64$。呼吸节律随运动、兴奋、尖叫、嗅闻及惊恐等因素而发生暂时性的改变，常无病理意义。

3. 病理状态

（1）吸气延长

吸入气体发生障碍，表现为吸气时间明显延长，吸气费力。提示上呼吸道发生狭窄或阻塞，见于鼻炎、喉水肿等。

（2）呼气延长

肺内气体排出受阻，表现为呼气时间明显延长。提示肺泡弹性下降及细支气管狭窄。见于细支气管炎、肺气肿等。

（3）间断性呼吸

吸气或呼气过程分成二段或若干段，表现为断续性的、浅而快的呼吸。可见于胸膜炎、细支气管炎、慢性肺气肿以及伴有疼痛的胸腹部疾病，也见于呼吸中枢兴奋性降低时，如脑炎、脑膜炎、中毒性疾病等。

（4）陈-施呼吸

表现为呼吸活动由微弱开始并逐渐加深、加强、加快，达到一定高度后又逐渐变浅、减弱、变慢，最后经短暂停息（数秒至数十秒钟），然后再重复上述呼吸，呈周期性，这种波浪式呼吸节律又称为潮式呼吸。可见于呼吸中枢的供氧不足及其兴奋性减退，如脑病、重度的肾脏疾病及某些中毒性疾病等。

（5）比奥呼吸

表现为连续的数次深度大致相等的深呼吸与呼吸暂停交替出现的呼吸节律，又称间停式呼吸。主要提示呼吸中枢兴奋性极度降低，病情较潮式呼吸严重。如各型脑膜炎、中毒性疾病及濒死期，多预后不良。

（6）库斯莫尔呼吸

呼吸明显加深并延长，同时呼吸次数减少，但不中断，并伴有如鼻鼾声或狭窄音的呼吸杂音。提示呼吸中枢衰竭的晚期，是病危的征兆。可见于脑脊髓炎、脑水肿、大失血、尿毒症及濒死期。

四、呼吸窘迫检查

呼吸运动加强、呼吸次数改变和呼吸节律异常，有时呼吸方式也发生改变，统称为呼吸困难，又称为呼吸窘迫。高度的呼吸困难，称为气喘。呼吸窘迫指的是呼吸费力，是一种客观临床症状。

1. 检查方法

临床上主要通过观察动物呼吸的强度、次数、节律及形式等来判断有无呼吸窘迫。

2. 病理状态

（1）吸气性呼吸困难

指呼吸时吸气困难。表现为动物头颈平伸、外翼开张（鸟类）、胸廓极度扩展、肋间凹陷、吸气时间延长并常伴有吸气时的狭窄音，此时呼气并不发生困难，同时多伴呼吸次数减少，严重者甚至张口吸气。见于上呼吸道狭窄或阻塞性疾病。

（2）呼气性呼吸困难

指肺泡内的气体呼出困难。表现为辅助呼气肌（主要是腹肌）参与活动，呼气时间显著延长，多呈两段呼出，沿肋弓形成凹陷（称喘线），脊背弓起，肷窝变平，甚至肛门外突。多见于慢性肺气肿、细支气管炎、细支气管痉挛，也可见于弥漫性支气管炎。

（3）混合性呼吸困难

特征为吸气及呼气均发生困难，多伴有呼吸次数的增加，是临床上一种常见的呼吸困难方式。多由于呼吸面积减少，气体交换不全，致使血中二氧化碳浓度增高而氧缺乏，引起呼吸中枢兴奋的结果。临床上有以下几种病理状态：

① 肺源性呼吸困难。主要是由于肺和胸膜病变引起。多见于各种肺炎、胸膜肺炎、胸膜炎及侵害呼吸器官传染病，如猪繁殖与呼吸障碍综合征、巴氏杆菌病、支原体病、副嗜血杆菌病、链球菌病等。

② 心源性呼吸困难。主要是由于肺循环发生障碍所致，见于心力衰竭、心肌炎、心包炎等。

③ 血源性呼吸困难。主要是由于红细胞和血红蛋白量下降，血氧不足导致呼吸困难。见于各种类型贫血如缺铁性贫血、血原虫病等。

④ 中毒性呼吸困难。内源性中毒，见于酮病、严重的胃肠炎引起的代谢性酸中毒等，造成血液中二氧化碳浓度升高、pH降低，直接或间接性地兴奋呼吸中枢；外源性中毒，见于亚硝酸盐、氰化物、霉菌和霉菌毒素中毒等。

⑤ 神经性或中枢性呼吸困难。见于颅脑损伤、颅内压增高性疾病（如脑水肿、伪狂犬病）及支配呼吸运动的神经麻痹等疾病（如中暑）等。

⑥ 腹压增高性呼吸困难。见于胃扩张、瘤胃臌胀、腹腔积液和肠变位、肠臌气等。

（4）膈肌痉挛

膈神经受到刺激时产生的节律性收缩。见于某些中毒、脑病、腹痛及胃肠炎等。

测试与拓展

一、选择题

1. 动物患有严重的胸膜肺炎时，呼吸方式是（　　）。

A. 以胸式呼吸方式为主　　　　　B. 以腹式呼吸方式为主

C. 以胸腹式呼吸方式为主　　　　D. 潮式呼吸

E. 间断性呼吸

2. 动物呼气和吸气都发生困难时的病因很多，胃肠臌气属于（　　）呼吸困难。

A. 肺源性　　　B. 心源性　　　C. 中毒性　　　D. 神经中枢性　　　E. 腹压升高性

3. 动物呼吸时，沿肋骨弓出现较深的凹陷，背拱起，肷窝变平，这种现象是呼吸困难中的（　　）。

A. 吸气性呼吸困难　　　　　　　B. 呼气性呼吸困难

C. 心源性呼吸困难　　　　　　　D. 腹压增高性呼吸困难

E. 中毒性呼吸困难

4. 临床上出现"由浅到深再至浅，经暂停后又重复出现"的是（　　）。

A. 比奥呼吸　　　　　　　　　　B. 库斯莫尔呼吸

C. 间断性呼吸　　　　　　　　　D. 陈-施呼吸

E. 呼吸停止

5. 引起胸式呼吸减弱而腹式呼吸加强的疾病是（　　）。

A. 腹膜炎　　　B. 妊娠晚期　　　C. 胸腔疾病　　　D. 大肠阻塞　　　E. 胃肠臌气

6. 下列哪项可使腹式呼吸减弱或消失？（　　）。

A. 腹膜炎　　　B. 肺脓肿　　　C. 肋骨骨折　　　D. 肺炎

7. 下列哪项可使胸式呼吸减弱或消失？（　　）。

A. 腹膜炎　　　B. 急性腹膜炎　　　C. 急性胃扩张　　　D. 胸膜炎

二、简答题

1. 简述呼吸运动检查的内容和方法及其临床意义。

2. 简述异常呼吸节律及其特点。

第二节　胸廓及胸壁的临床检查

胸廓由胸骨、肋骨和胸段脊柱及软组织组成。

一、胸廓的临床检查

1. 检查方法

胸廓的检查主要观察胸廓的大小、外形、对称性。检查胸廓时，一般用视诊和触诊的方法，通常应由前向后、由上而下、从左到右进行全面检查。

2. 正常状态

健康动物胸廓的形状和大小，因其种类、品种、年龄、营养及发育状况而有很大差异。但胸廓两侧应对称，脊柱平直，肋骨膨隆，肋间隙的宽度均匀，呼吸也匀称。

3. 病理状态

（1）两侧胸廓不对称

特征为两侧胸壁明显不对称。患侧胸壁因肋骨骨折、单侧性胸膜炎、胸膜粘连等而下陷或平坦，肋间隙变窄，而对侧常呈代偿性扩大；也见于单侧气胸、单侧膈疝、单侧间质性肺气肿等而出现的单侧胸廓扩张。此时呼吸的匀称性也发生改变。此外，脊柱的病变也可导致胸廓变形。检查时，必须两侧对照比较来确定病变的部位和性质。

（2）桶状胸

特征为胸廓向两侧扩张，左右横径显著增加，呈圆桶形。肋骨的倾斜度减少，肋间隙变宽。常见于严重的气胸、肺气肿、胸腔积液等。

（3）鸡胸

特征是胸骨柄明显向前突出，常常伴有肋骨与肋软骨交接处出现串珠状突起，并见有脊柱凹凸、四肢弯曲、全身发育障碍，是佝偻病的特征。

（4）扁平胸

特征为胸廓狭窄而扁平，左右径显著狭小，呈扁平状。可见于骨软症、营养不良和慢性消耗性疾病的幼畜。

二、胸壁的临床检查

1. 检查方法

一般采用浅部触诊判断胸壁的敏感性，胸壁或胸下有无浮肿、气肿和胸壁震颤，并注意肋骨有无变形或骨折。

2. 病理状态

（1）胸壁温度增高

胸壁局部温度增高可见于炎症、脓肿、胸膜炎等，检查时应左右对照。

（2）胸壁疼痛

触诊胸壁时，病畜表现骚动不安、回顾、躲闪、反抗或呻吟，是胸壁敏感的表现。胸壁敏感是胸膜炎的特征，尤以疾病的初期更为明显。胸壁敏感也可见于胸壁的皮肤、肌肉或肋骨的发炎与疼痛性疾病，尤其是肋骨骨折时疼痛非常显著。

（3）皮下气肿

胸部皮下组织有气体积存时称为皮下气肿。以手按压皮下气肿的皮肤，引起气体在皮下组织内移动，可出现捻发音。严重者气体可由胸壁皮下向颈部、腹部或其他部位的皮下蔓延。

（4）肋骨局部变形

肋骨局部变形见于佝偻病、软骨病、氟骨病和肋骨骨折等。

📚 测试与拓展

一、选择题

1. 对患病动物进行胸部叩诊时，发现有大面积的区域呈现鼓音，则动物患的疾病可能是（　　）。

A. 肺结核　　　B. 肺空洞　　　　C. 气胸　　　　　D. 肺充血

E. 大叶性肺炎的充血期和吸收期

2. 胸部叩诊出现水平浊音时，提示可能是（　　）。

A. 肺充血　　　B. 肺空洞　　　　C. 肺气肿　　　　D. 胸腔积液　　　E. 肺水肿

3. **不符合**肺水肿体征的说法是（　　）。

A. 胸廓呈桶状　B. 呼吸运动减弱　C. 呼吸音减弱　　D. 听诊呈湿啰音

4. 一侧胸廓扩张受限常见于下列情况，（　　）除外。

A. 肋骨骨折　　B. 阻塞性肺不张　C. 大量胸腔积液　D. 重度一氧化碳中毒

二、简答题

1. 简述胸廓与胸壁的检查方法。

2. 胸廓、胸壁常见的临床病理表现有哪些？

第三节　上呼吸道的检查

鼻的主要生理功能是通气，是重要的呼吸器官。鼻可以分为外鼻、鼻腔和鼻窦三个部分。

一、鼻面部的检查

1. 检查方法

观察鼻部及鼻旁窦有无表在病变及形态改变，如注意有无水疱、肿胀、脓疱、溃疡和结节，触诊鼻旁窦有无敏感反应。如图 6-1 所示。

2. 正常状态

健康牛、羊的鼻镜和猪的鼻盘湿润而微凉，表面附有小水珠，远观潮湿而有光泽。

3. 病理状态

（1）鼻部的肿胀、膨隆和变形

鼻面部膨隆，常见于骨软症；窦炎或蓄脓症时可见局部隆突、肿胀，甚至骨质变软；猪的鼻面部短缩、歪曲、变形，是传染性萎缩性鼻炎的特征；鼻部出现水疱，可见于口蹄疫、猪传染性水泡病等。

（2）鼻痒

当动物鼻部及其邻近组织发痒时，动物常用爪（蹄）搔痒，或在栅栏、饲槽、木桩、树干、墙壁等处磨蹭，长期蹭痒会使鼻部脱毛和损伤。见于鼻卡他、猪传染性萎缩性鼻炎、鼻腔寄生虫病、异物刺激等。

（3）鼻敏感

可见鼻窦炎、鼻窦积液或蓄脓，重者多伴有颜

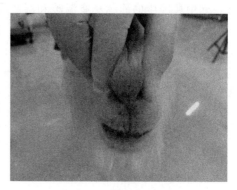

图6-1　羊鼻部检查

面、鼻窦部的肿胀、变形，且患侧鼻孔常流脓性分泌物，低头时流出量增多。

二、呼出气检查

呼出气的检查，是对上呼吸道和肺疾病诊断的一种重要辅助检查方法。检查时，应注意两侧鼻孔呼出气流的强度是否一致、呼出气体的温度和气味有无异常。

1. 检查方法

检查呼出气流的强度时，可用手背或羽毛置于两鼻孔前感觉呼出气流强度，如在北方冬季，则可以直接观察呼出的雾气来判断。检查呼出气体的温度是以手背置于鼻孔前感觉。检查呼出气体的气味时，宜用手将患病动物呼出的气体扇向检查者的鼻端来嗅闻，切不可直接接近患病动物的鼻孔，以防感染疫病。

2. 正常状态

健康状态下，动物两侧鼻孔呼出气流的强度完全相等；健康动物呼出的气体稍有温热感，当体温升高时，呼出气体的温度也随之升高，故可根据呼出气体的温度改变程度，大致推断体温的变化；健康状态下，动物呼出的气体，一般无特殊气味。

3. 病理状态

（1）呼出气流强度变化

当一侧鼻腔狭窄、一侧鼻窦肿胀或大量积脓时，则患侧鼻孔的呼出气流小于健侧，并常伴有呼吸的狭窄音。如两侧鼻腔同时存在病变时，两侧鼻孔的呼出气流则是病变较重的一侧小于对侧。

（2）呼出气体温度变化

呼出气体的温度升高，见于各种热性病。呼出气体的温度显著降低，检查时有冷凉感，见于内脏破裂、大失血、严重的脑病和中毒病，以及许多重症疾病的末期。

（3）呼出气体气味变化

如发现有臭味时，应注意判定其臭味是来自口腔还是来自鼻腔或者是胃，如呼出的气体有腐败的臭味，常提示肺部和呼吸道有坏死灶；如果有脓性臭味，常提示肺部有脓肿破溃的情况；如果有丙酮气味，常提示有酮病；如果呼出气体有蒜臭味是有机磷农药中毒。

三、鼻腔检查

鼻腔是位于两侧面颅之间的腔隙，在鼻腔的上方、上后方和两旁，由左右成对的鼻窦环

绕，其中鼻腔中的静脉丛有温暖和湿润吸入空气的作用。

1. 检查方法

以视诊为主，在光线明亮的地方或借助人工光源进行检查。检查者分别用两手拉开动物的两侧鼻翼，使阳光或人工光源对准鼻孔检视即可。检查时，应注意鼻黏膜的颜色，有无肿胀、结节、溃疡或瘢痕，如图 6-2 所示。

2. 正常状态

健康动物的鼻黏膜稍湿润，有光泽，呈淡红色。

3. 病理状态

① 颜色。其病理变化和诊断意义与眼结膜的色泽变化大致相同。

② 肿胀。主要见于传染性鼻炎、鼻卡他、流行性感冒、牛恶性卡他热和犬瘟热等。禽类出现鼻孔肿胀，多见于传染性鼻炎。

③ 结节。鼻黏膜出现的结节并伴有溃疡或瘢痕（冰花样或星芒状），常见于鼻疽。

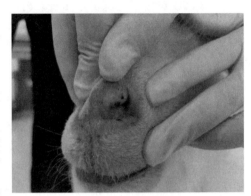

图 6-2　羊鼻黏膜检查

④ 水疱。鼻黏膜出现水疱，主要见于口蹄疫和猪传染性水疱病。

⑤ 溃疡。表层溃疡见于鼻炎、马腺疫、血斑病和牛恶性卡他热；深层溃疡多见于鼻疽。

⑥ 瘢痕。小的瘢痕一般为创伤所致，大而厚呈深芒状的瘢痕多为鼻疽引起。

四、鼻液检查

鼻液常是呼吸道异常分泌而从鼻腔排出的病理性产物。

1. 检查方法

观察鼻液的量、颜色、性状、稠度及混有物，同时注意鼻液有无特殊臭味。

2. 正常状态

健康动物鼻黏膜均分泌少量浆液和黏液，不同动物都有其特殊的排鼻液的方式，如马、猪和羊等动物均以喷鼻或咽下的方式排出鼻液，牛、犬和猫等动物则用舌舔去鼻液，故从外表看不见或仅能看到少量鼻液。

3. 病理状态

（1）鼻液数量改变

鼻液量可反映炎症渗出的范围、程度及病期。单侧流鼻液，提示鼻腔、喉囊和副鼻窦的单侧性病变。双侧流鼻液则多来源于喉以下的气管、支气管及肺。一般炎症的初期、局灶性病变及慢性呼吸道疾病鼻液少，如慢性卡他性鼻炎、轻度感冒、气管炎初期等。上呼吸道疾病的急性期和肺部严重疾病时，常出现大量的鼻液，如犬瘟热、流行性感冒、牛肺结核、急性咽喉炎、肺脓肿、大叶性肺炎的溶解期、马腺疫、开放性鼻疽等。

（2）鼻液的性状改变

由于炎症性质和病理过程的不同，鼻液性状可分为浆液性、黏液性、黏脓性、腐败性和出血性等。

① 浆液性鼻液。流出的鼻液稀薄如水，无色透明，不粘在鼻孔的周围。可见于急性鼻卡他、流行性感冒、马腺疫初期等。

② 黏液性鼻液。呈蛋清样或粥状，黏稠，白色或灰白色，常混有脱落的上皮细胞和炎

性细胞等，有腥臭味。常见于呼吸道卡他性炎症中期或恢复期以及慢性呼吸道炎症的过程。

③ 黏脓性鼻液。鼻液黏稠浑浊，呈糊状、凝乳状或凝集成块，黄色或淡黄色，具有脓味或恶臭味，为化脓性炎症的特征。常见于化脓性鼻炎、鼻旁窦蓄脓、肺脓肿破裂、犬瘟热、马腺疫、鼻疽等。

④ 腐败性鼻液。鼻液污秽不洁，呈灰色或暗褐色，具有腐败性的恶臭。常见于坏疽性鼻炎、腐败性支气管炎、肺坏疽。

⑤ 出血性鼻液。鼻液中混有血液，如混有的血液为淡红色，其中混有泡沫或小气泡，则为肺充血、肺水肿和肺出血的征兆；如有较多的血液流出，主要见于鼻黏膜外伤、鼻出血、猪的传染性萎缩性鼻炎等。

⑥ 铁锈色鼻液。鼻液为均匀的铁锈色，是大叶性肺炎和传染性胸膜肺炎的特征。

（3）鼻液中出现混杂物

鼻液中混有多量小气泡，反映病理产物来源于细支气管或肺泡；混有红褐色组织块可见于肺坏疽；混有饲料或其残渣，提示伴有吞咽障碍或呕吐。

（4）一侧性或两侧性

一侧性的鼻液见于单侧性的鼻炎或鼻疽、副鼻窦炎、喉囊炎和肿瘤时，鼻液往往仅从患侧流出；如为双侧性的病变或喉以下器官的疾病，则鼻液多为双侧性。

（5）鼻液中弹力纤维的检查

弹力纤维的出现，表示肺组织溶解、破溃或有空洞存在，见于异物性肺炎、肺坏疽和肺脓肿等。检查弹力纤维时，取黏稠鼻液 2～3ml 放入试管中，加入等量 10％氢氧化钠溶液，在酒精灯上边加热边振荡，使鼻液中黏液、脓液及其中有形成分溶解，而弹力纤维并不溶解。加热煮沸，直到变成均匀一致的溶液后，加 5 倍蒸馏水混合，离心沉淀 5～10min 后，倒去上清液，取少许沉淀物滴于载玻片上，覆以盖玻片，镜检。弹力纤维呈细长弯曲的羊毛状，透明且折光性较强，边缘呈双层轮廓，两端尖锐或分叉，多聚集成乱丝状，也可单独存在。

五、喉及气管检查

1. 检查方法

主要采用视诊、触诊和听诊的方法进行。

2. 正常状态

健康动物的触诊和视诊多无异常表现，听诊喉呼吸音为类似"赫、赫"的声音，而气管呼吸音则较为柔和。

3. 病理状态

（1）喉部炎症

喉部周围组织和附近淋巴结有热感、肿胀、敏感性增高，主要见于喉炎、咽喉炎、急性猪肺疫或猪、牛的炭疽等。禽类喉腔若出现黏膜肿胀、潮红或附有黄白色伪膜，是各型喉炎的特征。

（2）喉和气管呼吸音异常

① 呼吸音增强。喉和气管呼吸音强大粗粝，见于各种出现呼吸困难的病畜。

② 喉狭窄音。呼吸时喉部发出类似口哨声、呼噜声以至似拉锯声，常见于喉水肿、咽喉炎、喉和气管炎、喉肿瘤、放线菌病及马腺疫等。

③ 啰音。当喉和气管内有分泌物存在时，可听到啰音，若分泌物黏稠，类似吹哨音或

"咝咝"声，称干啰音；若分泌物稀薄，则出现湿啰音，呈呼噜声，多见于喉炎、气管炎和气管内异物。

六、咳嗽的检查

咳嗽是动物的一种反射性保护动作，同时也是呼吸系统疾病过程中最常见的一种症状。当喉、气管、支气管、肺、胸膜等部位发生炎症或受到刺激时，使呼吸中枢兴奋，在深吸气后声门关闭，继而以突然剧烈呼气，则气流猛烈冲开声门，形成一种爆发的声音，并将呼吸道中的异物或分泌物咳出，即为咳嗽。

1. 检查方法

听取咳嗽的声音，注意咳嗽的性质、强度及疼痛反应等，必要时做人工诱咳试验。牛、羊可用暂时捂鼻的方法诱发咳嗽，即用多层湿润的毛巾遮盖或闭塞鼻孔一定时间后迅速放开；或用一特制的橡皮（或塑料）套鼻袋，紧紧地套于牛的口鼻部，使牛中断呼吸片刻，再迅速去掉套鼻袋，使牛出现深吸气，则可出现咳嗽。小动物可经过短时间闭塞鼻孔或捏压喉部、叩击胸壁诱咳。

2. 正常状态

健康动物通常不发生咳嗽，或偶有一两声咳嗽。在人工诱咳时可引起一两声的咳嗽反应；如呈连续性的频繁咳嗽，常为喉、气管的敏感反应。

3. 病理状态

（1）湿咳　咳嗽声音低而长，伴有湿啰音，称为湿咳，反应炎症产物较稀薄；可见于咽喉炎、支气管炎、支气管肺炎和肺坏疽的中期。

（2）干咳　若咳声高而短，是干咳的特征，表示病理产物较黏稠或管腔发炎肿胀。可见于急性喉炎初期、慢性支气管炎等。

（3）痉挛性咳嗽　频繁、剧烈而连续性的咳嗽，常为喉、气管炎的特征。如猪的频繁而剧烈甚至呈痉挛性的咳嗽，多见于重症的气喘病、慢性猪肺疫，当猪后圆线虫病时常见阵发性咳嗽。

📚 测试与拓展

一、选择题

若流出鼻液呈砖红色或铁锈色，则提示的疾病多为（　　　）。

A. 小叶性肺炎　B. 间质性肺炎　C. 坏疽性肺炎　D. 霉菌性肺炎　E. 大叶性肺炎

二、简答题

1. 上呼吸道检查的内容、方法有哪些？简述其临床意义。

2. 简述鼻液中弹力纤维检查的方法及病理意义。

3. 如何进行人工诱咳？

第四节　胸肺部的听诊

胸肺部听诊时，应注意呼吸音的强度、性质及病理性呼吸音。

一、检查方法

一般多用听诊器进行间接听诊，听诊时，首先从肺叩诊区的中 1/3 开始，由前向后逐渐听取，其次为上 1/3，最后听诊下 1/3，每一听诊点的距离为 3～4cm，每一听诊点应连续听诊 3～4 个呼吸周期，对动物的两侧肺区，应普遍地进行听诊。在听诊胸肺时应注意以下几点：

① 听诊时，应密切注视动物胸壁的起伏活动，以便辨别吸气与呼气阶段。

② 如呼吸活动微弱、呼吸音响不清时，可人为地使动物的呼吸活动加强，如短时捂住动物的鼻孔并于放开之后立即听诊，或使动物做短暂的运动后听诊。

③ 发现异常改变时应与周围健区以及对侧的相应区域进行比较听诊，以准确地判断病理变化。如图 6-3、图 6-4 所示。

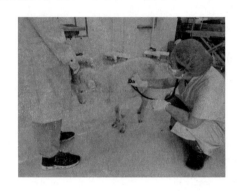
图 6-3　羊胸肺部听诊（体左侧）

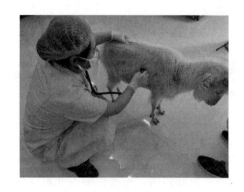
图 6-4　羊胸肺部听诊（体右侧）

二、正常状态

1. 肺泡呼吸音

健康动物可听到微弱的肺泡呼吸音，于吸气阶段较清楚，尤其是吸气末尾时最强，音调较高，时间较长，而呼气时音响较弱，音调较低，时间较短，呼气末尾时听不清楚，其音质如柔和的吹风样或类似轻读"夫、夫"的声音。整个肺区均可听到肺泡呼吸音，但以肺区的中部最为明显。各种动物中，犬和猫的肺泡呼吸音最强，其次是羊和牛，而马的肺泡音最弱；幼畜比成年动物肺泡音强。

2. 支气管呼吸音

支气管呼吸音实为喉呼吸音和气管呼吸音的延续，但较气管呼吸音弱，比肺泡呼吸音强，其性质类似舌尖抵住上腭呼气所发出的"赫、赫"音，特征为吸气时弱而短，呼气时强而长，声音粗糙而高。马的肺区通常听不到支气管呼吸音，其他动物仅在肩后 3～4 肋间，靠近肩关节水平线附近区域能听到，但常与肺泡呼吸音形成支气管肺泡呼吸音（混合性呼吸音），其声音特征为吸气时主要是肺泡呼吸音，声音较为柔和，而呼气时则主要为支气管呼吸，声音较粗粝，近似于"夫赫"的声音。犬在整个肺区都能听到明显的支气管呼吸音。

三、病理变化

1. 病理性肺泡呼吸音

（1）肺泡音增强

① 普遍地增强，为两侧肺区肺泡呼吸音均增强，表明呼吸中枢兴奋、呼吸运动和肺换气功能增强的结果，见于发热性疾病、贫血、代谢性酸中毒及支气管炎、肺炎或肺充血的初期。

② 局限性增强，又称代偿性增强，是由于一部分或一侧肺组织有病变而使其呼吸机能减弱或消失，健康或无病变肺组织呼吸机能代偿性增强，见于大叶性肺炎、小叶性肺炎、肺结核、渗出性胸膜炎等疾病。

（2）肺泡呼吸音减弱或消失

表现为肺泡呼吸音变弱或消失，表明进入肺泡的空气量减少或空气完全不能进入肺泡，见于上呼吸道狭窄、胸部疼痛性疾病、全身极度衰弱（脑炎后期、中毒性疾病后期以及濒死期等）、呼吸麻痹及膈肌运动障碍等；肺组织的弹性减弱或消失，见于各型肺炎、肺结核、引起肺部分泌物增加的疾病及肺气肿等；或呼吸音传导障碍，见于渗出性胸膜炎、胸壁肥厚和气胸等。

2. 病理性支气管呼吸音

在马的肺区内可听到支气管呼吸音，其他动物的肺区听到单纯的支气管呼吸音，均为病理性支气管呼吸音，可见于大叶性肺炎的实变期、广泛的肺结核、牛肺疫、猪肺疫及渗出性胸膜炎、胸水等。

3. 病理混合呼吸音

在正常肺泡音的区域内听到混合性呼吸音，表明较深的肺组织发生实变，而周围被正常的肺组织所覆盖，或较小的肺部实变组织与正常含气的肺组织混合存在。可见于大叶性肺炎或胸膜肺炎的初期、小叶性肺炎和散在性肺结核等。

4. 呼吸杂音

伴随呼吸活动产生肺泡呼吸音和支气管呼吸音以外的附加音响。

（1）啰音

主要出现于吸气的末期，呈尖锐或断续性，可因咳嗽而消失，是呼吸道内积有病理性产物的标志。啰音分干啰音与湿啰音。

① 干啰音。声音尖锐，似蜂鸣、飞箭、类鼾声，表明支气管肿胀、狭窄或分泌物较为黏稠。主要见于弥漫性支气管炎、支气管肺炎、慢性肺气肿、牛结核和间质性肺炎等。

② 湿啰音。又称水泡音，似水泡破裂声。水泡音是支气管炎与肺炎的重要症状，反映气管内有较稀薄的病理产物。主要见于支气管炎、各型肺炎、肺水肿、肺淤血及异物性肺炎等。

（2）捻发音　捻发音是肺泡内有少量黏稠分泌物，使肺泡壁或毛细支气管壁互相黏合在一起，当吸气时气流可使黏合的肺泡壁或毛细支气管壁被突然冲开所发出的一种爆裂音。类似在耳边揉捻毛发所发出的极细碎而均匀的"噼啪"音，其特征是仅在吸气时可听到，在吸气之末最为清楚。捻发音比较稳定，不因咳嗽而消失。可见于毛细支气管炎、肺水肿、肺充血的初期等。

（3）胸膜摩擦音　当发生胸膜炎时，特别是有纤维蛋白沉着，使胸膜的脏层与壁层面变得粗糙不平，呼吸时两层粗糙的胸膜面互相摩擦所发出的声音，即为胸膜摩擦音。胸膜摩擦音的特点是干而粗糙，声音接近体表，出现于吸气末期及呼气初期，且呈断续性，摩擦音常发生于肺移动最大的部位，即肘后、肺叩诊区下 1/3、肋弓的倾斜部。有明显摩擦音的部位，触诊可感到有胸膜摩擦感和疼痛表现。胸膜摩擦音是纤维素性胸膜炎的特征。可见于大叶性肺炎、各型传染性胸膜肺炎及猪肺疫等。

测试与拓展

一、选择题

1. 关于肺泡呼吸音，叙述**错误**的是（ ）。

A. 毛细支气管和肺泡入口之间空气出入时的摩擦音

B. 气流进入肺泡时气流冲击肺泡壁产生的声音

C. 肺泡收缩和舒张过程中弹性变化而形成的声音

D. 气流通过支气管的声音

E. 肺泡呼吸音在吸气之末最为清楚

2. 健康状况下，肺部**不能**听到支气管呼吸音的是（ ）。

A. 犬　　　　B. 马　　　　　　C. 牛　　　　　　D. 羊

3. 属于异常肺泡呼吸音的是，（ ）除外。

A. 呼吸音减弱或消失　　　　B. 呼吸音增强

C. 啰音　　　　　　　　　　D. 浊音

4. 影响正常肺泡呼吸音强弱的因素，（ ）除外。

A. 肺组织弹性　B. 胸壁的厚度　　C. 营养状况　　D. 体格

5. 关于湿啰音说法**错误**的是（ ）。

A. 吸气和呼气均可听到　　　　B. 吸气末最明显

C. 部位较恒定　　　　　　　　D. 表明肺脏存在空洞

6. 关于肺脏听诊捻发音下列说法**错误**的是（ ）。

A. 表示肺脏的实质性病变　　　B. 吸气末最明显

C. 表明肺脏存在空洞　　　　　D. 性质不易变

7. 健康动物的肺泡呼吸音类似（ ）。

A. "夫、夫"声　B. "赫、赫"声　C. 捻发声　　　D. 雷鸣声

8. 肺脏听诊时，开始部位宜在肺听诊区的（ ）。

A. 上1/3　　　B. 中1/3　　　　C. 下1/3　　　D. 前1/3

9. 肺脏听诊时，清音最明显的部位在（ ）。

A. 中部　　　　B. 上面　　　　　C. 下面　　　　D. 前面

二、简答题

1. 简述胸部听诊的诊断意义。

2. 支气管呼吸音、肺泡呼吸音、啰音、胸膜摩擦音产生的原因有哪些？

3. 小水泡音、胸膜摩擦音和捻发音有何区别？

第七章　消化系统临床检查

学习目标

知识目标

1. 掌握消化系统常用的临床检查方法。
2. 掌握动物饮水、采食状况的检查方法。
3. 掌握动物口咽及食管的检查方法。
4. 掌握反刍动物腹部及胃肠的检查方法。
5. 掌握单胃动物腹部及胃肠的检查方法。
6. 掌握大动物直肠的检查方法及检查内容。
7. 掌握动物粪便的检查方法及结果的解读。

能力目标

1. 学会消化系统检查常用的检查方法。
2. 学会判断动物采食及饮水的异常表现。
3. 能对动物的口咽及食道进行检查，并判断其状态。
4. 能独立对反刍动物的腹部及胃肠进行检查，并判断是否出现病变。
5. 能独立对单胃动物的腹部及胃肠进行检查，并判断是否出现病变。
6. 能独立完成大动物的直肠检查。

素质目标

1. 对消化系统的检查要细致入微，具有严谨的工作态度，否则不能发现隐晦的临床症状。
2. 对待大动物的直肠检查，要不怕脏、臭，具有吃苦耐劳精神，爱岗敬业。
3. 培养学生的生物安全意识，与动物接触中要做好安全防护。
4. 对待工作认真负责，具有职业荣誉感与自豪感。

消化系统包括消化管和消化腺两部分。消化管包括口腔、咽、食管、胃（反刍动物如牛、羊有四个胃：瘤胃、网胃、瓣胃、皱胃，而马属动物、猪、犬都只有一个胃）、小肠（十二指肠、空肠和回肠）、大肠（盲肠、结肠和直肠）和肛门。消化腺为分泌消化液的腺体，其中唾液腺、肝、胰为消化管外的独立器官，由腺管通入消化道，称壁外腺。胃腺、肠腺位于消化管内，称为壁内腺。从口腔摄入的食物和水，经咽和食管被送到胃肠，在消化液的作

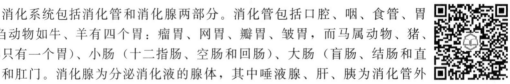

视频：消化系统检查

用下，把食物中各种营养物质分解为氨基酸、脂肪酸和葡萄糖，通过血管吸收供机体利用，而将不能利用的废弃物排出体外。反刍动物的消化系统有别于其他动物的是有瘤胃、网胃、瓣胃和皱胃四个部分，前三个胃合称前胃，其生理功能有两个：一是通过胃的运动磨碎食物；二是通过前胃内微生物和纤毛虫进行生物学消化和合成自身的营养物质。

消化系统的检查方法：视诊、触诊、叩诊、听诊、嗅诊和特殊的检查方法，如穿刺化验、X线等。禽类的检查主要通过食欲、粪便的性状以及病理解剖来诊断，直接发现患病的

部位和判定疾病的性质。消化系统结构复杂，患病率高，病死率较高，而且许多传染病、寄生虫病、营养代谢疾病、中毒病等都在消化系统呈现明显的病理变化，因此，在疾病诊断中，对消化系统要特别注意检查。

第一节　饮水、采食状况的检查

一、饮水、采食状况的检查

1. 检查方法

主要是通过问诊和视诊来了解动物的采食和饮欲情况。动物食欲的好坏，是根据动物采食的快慢，咀嚼是否有力以及采食量等进行综合判断。健康动物由于饲料、环境的改变等原因可引起暂时性的食欲变化。在生理情况下，饮水的多少与气候、运动、饲料的含水量有关。病理状态下，出现饮欲增进或饮欲减退。

2. 健康状态

马、羊用唇和切齿摄食饲料，牛用舌卷食草料，猪主要靠上、下腭动作而采食，犬猫用舌进行舔食和用啮咬方式吞食。

3. 病理状态

① 食欲减退。即采食量减少或厌食，主要见于消化道疾病、热性病及疼痛疾病。

② 食欲废绝。即病畜完全不采食，见于重症疾病，一般预后不良。

③ 食欲不定。即食欲时好时坏，变化无常，见于慢性消化不良。

④ 食欲亢进。即采食量超过正常量，见于重症后的恢复期和肠道寄生虫病。

⑤ 饮欲增加。表现为口渴多饮，见于腹泻、食盐中毒、出大汗等情况。

⑥ 饮欲减退。见于伴有脑病及某些胃肠病，如果马的重症腹痛出现饮欲，表示病情好转。

⑦ 异嗜。指动物喜欢采食异物，如啃食泥土等，鸡表现为啄羽毛、啄肛。多是矿物质、微量元素代谢紊乱及氨基酸、维生素缺乏的征兆，多见于幼畜或胃肠道寄生虫病。

⑧ 采食障碍。表现为采食方法异常，唇齿舌的动作不协调，难以把食物纳入口内。见于唇齿舌、颌骨的疾病，如脑部疾病、破伤风、面神经麻痹等。

⑨ 咀嚼障碍。主要表现为咀嚼无力或咀嚼带痛，常常在咀嚼中突然张口，上下颌不能充分闭合从而使食物掉出口外。见于佝偻病、放线菌病等。如果颌骨肿胀和咀嚼的齿、颊骨、口腔黏膜、咬肌等方面的疾病及神经障碍等都可以出现咀嚼障碍。

⑩ 吞咽障碍。动物在吞咽时，表现出摇头伸颈、咳嗽，由鼻孔逆出食物、唾液和饮水混合物，见于咽喉炎、食管阻塞及食管炎。

二、反刍的检查

1. 检查方法

反刍是反刍动物特有的消化活动，也是消化机能正常的重要表现。反刍活动与前胃（瘤胃、网胃、瓣胃）、真胃（皱胃）的功能及动物的整体健康状况有关。因此，观察动物的反刍活动对疾病诊断和预后都有重要意义。对反刍动物注意观察其反刍的开始出现时间、每次持续时间、昼夜间反刍的次数、每次食团的再咀嚼情况等。

2. 健康状态

牛一般在吃食后约 40min 出现反刍，每昼夜进行 6～8 次，反刍时间为 5～7h，每次反刍时间持续 40～50min，每个食团平均咀嚼 40～60 次。绵羊和山羊的反刍比牛快，反刍会因环境影响而停止。

3. 病理状态

① 反刍障碍。常由于瘤胃内微生物活动减弱、发酵过程降低、气体产生减少或瘤胃兴奋性降低、瘤胃运动减弱所致，表现为反刍缓慢无力、反刍短促、反刍的次数减少或废绝。多见于反刍动物前胃疾病、皱胃疾病以及继发前胃机能障碍的热性疾病等。

② 反刍废绝。如果反刍兽在严重的疾病过程中，重新出现反刍，是疾病好转的象征。一般见于前胃弛缓、急性瘤胃积食、真胃变位等疾病，反刍废绝是疾病严重的标志之一。

三、嗳气的检查

1. 检查方法

嗳气是反刍动物正常的消化活动，反刍兽借助嗳气可将瘤胃内的气体排出体外。临床上用视诊和听诊方法来检查嗳气。可在左侧颈部沿食管处看到由下向上的气体移动波，可听到咕噜音。

2. 健康状态

健康的牛和鹿平均每小时嗳气 15～20 次，绵羊 9～12 次，山羊 9～10 次。在采食后，反刍增强时嗳气就增强，一般在食后 1～2h 嗳气最盛。

3. 病理状态

① 嗳气异常增多。是因为瘤胃异常发酵所引起，见于急性瘤胃臌气的初期。

② 嗳气异常减少。瘤胃运动机能障碍时就出现嗳气减少，见于前胃弛缓、瘤胃积食等疾病。

③ 嗳气消失。见于瘤胃机能高度障碍的疾病或食管阻塞等，此时往往继发瘤胃臌气。反刍兽以外的家畜，出现嗳气，则为病理现象，表示胃中发酵过程增强，气体增多或幽门痉挛。

四、呕吐的检查

1. 检查方法

呕吐是一种病理性反射活动，是胃内容物不随意地经食管由口腔或鼻腔排出的现象。由于动物的生理特点和呕吐的感受性的不同，呕吐的难易也不同。肉食动物最容易呕吐，猪次之，反刍动物较难呕吐，马属动物则极难发生呕吐。临床上，一般用视诊和嗅诊的方法进行检查。

2. 健康状态

健康的动物一般不发生呕吐现象。

3. 病理状态

反刍兽呕吐时，表现不安，呻吟，见于前胃、肠的疾病以及中毒与中枢神经系统疾病。马属动物呕吐时多呈恐怖状态而极度不安，腹肌强烈收缩，伴有出汗，鼻孔有胃内容物流出，多提示急性胃扩张且继发胃破裂。猪呕吐时见于肠阻塞、中毒及中枢神经系统等疾病。如果一次呕吐的数量较多，以后不再出现呕吐，则多为过食现象；频繁呕吐表示胃黏膜受到刺激，常常在采食后立即发生，直至胃内容物吐完为止；顽固性呕吐，在空腹时也可发生，见于胃、十二指肠、胰腺的顽固性疾病。呕吐物中有血液，见于出血性胃炎或出血性疾病如猪瘟等疾病；呕吐物中有胆汁则呈黄色或绿色，见于十二指肠阻塞；呕吐物的性质与气味与粪便相同，主要见于猪及肉食兽的大肠阻塞。

五、流涎的检查

1. 检查方法

流涎是口中的分泌物或唾液流出口外，临床上一般用视诊和嗅诊方法进行检查。

2. 健康状态

健康的动物流出少量的唾液。其他的健康动物没有流涎的现象，是因为唾液一经分泌出就被咽下。

3. 病理状态

① 大量流涎。是受刺激后使口腔分泌物增多的结果，主要见于口腔疾病，如口炎、口蹄疫、舌损伤、牙齿疼痛、放线菌病等。

② 咽下困难。动物患有咽喉炎、食管炎、食管阻塞等疾病时可发生吞咽困难并且流涎，此时在涎液中混有食物。

③ 中毒。由于摄取有毒物质或者发霉食料，常伴有口炎而流涎。

④ 神经系统疾病。如狂犬病、破伤风、面部神经麻痹等疾病时，容易引起大量流涎，这是由于吞咽困难所引起。

📚 测试与拓展

一、选择题

1. 常见家畜中，其发生呕吐的难易程度不同，正确的难易顺序为（　　　）。

A. 肉食兽＞猪＞反刍兽＞马

B. 马＞肉食兽＞猪＞反刍兽

C. 猪＞反刍兽＞马＞肉食兽

D. 反刍兽＞肉食兽＞猪＞马

E. 肉食兽＞马＞反刍兽＞猪

2. 动物发生咽炎时，其特征症状是（　　　）。

A. 咽部肿胀　　B. 流口水　　　　C. 吞咽障碍　　　　D. 采食障碍　　　E. 咳嗽

3. 饮欲亢进时，首先考虑的是动物患有（　　　）。

A. 消化力强　　B. 代谢障碍　　　C. 食盐中毒　　　D. 慢性肠炎　　　E. 都不是

二、简答题

1. 简述采食和饮水的检查方法及其临床意义。

2. 简述反刍与嗳气异常的病理表现。

第二节　口腔、咽及食管的检查

如果发现动物流涎、食欲减退或者吞咽障碍时，我们就要对其进行口腔、咽及食管的检查，找出患病部位和原因，以便实施正确的防治方案。

一、口腔检查

1. 检查方法

动物要进行适当的保定，检查口腔一般采用徒手开口法或使用开口器、木棒等将口腔张开，在自然光线下或借助反射镜进行。在利用徒手开口法时要注意防止手指被咬伤，拉舌时，不要用力过大，以免造成舌系带的损伤。对患有软骨症的病畜要注意防止开口过大，以免造成颌骨骨折。临床上，针对不同种属动物开口方法有所不同：

（1）马属动物

检查者站在头侧方，左手握住笼头，右手的拇指、中指和食指从一侧的口角伸进并横向对侧的口角，用手指下压并握住舌体，将舌拉出的同时用左手的拇指从左边的口角伸入并顶住上腭，使口张开。

（2）牛

颈夹或保定栏中保定牛只，检查者站在牛头侧方，左手强捏住牛鼻的中隔的同时向上提起，右手从口角伸入并握住舌体向右边口角拉出，即可使口腔打开。

（3）羊

保定者骑跨在羊身上，用两膝夹住羊颈部，检查者的左手的大拇指和食指、中指分别用力卡住口角的两边，待口腔开张后用右手持木棒平直伸进口角的两边，将木棒轻轻地向下压即可检查口腔。

（4）猪

将猪进行保定，检查者持开口器，将开口器平直伸入口内，到达口角后，将把柄用力下压即可。

（5）犬

将犬进行保定，检查者的左手的大拇指和食指、中指分别用力卡住口角的两边，待口腔开张后用右手持木棒平直伸进口角的两边，将木棒轻轻地向下压即可。

2. 健康状态

（1）口唇

除老龄家畜外，健康家畜两唇紧闭、对合良好。

（2）气味

动物在正常生理状态下，口腔内除在采食之后可有某种饲料的气味外，一般无特殊臭味。

（3）黏膜

健康动物的口色呈粉红色而有光泽，幼畜及营养极佳的动物的口色更为鲜艳，衰老体弱的动物口色较淡。如图 7-1、图 7-2 所示。

图 7-1　羊口腔黏膜检查

图 7-2　羊口腔检查

（4）口温

与体温一致，健康家畜的口腔湿度适中，而牛更为湿润。

（5）舌苔

正常的舌苔为淡白色。

3. 病理状态

（1）唇的病理状态

唇下垂见于面神经麻痹、马霉玉米中毒、重剧性疾病；唇歪斜见于一侧性面神经麻痹、猪萎缩性鼻炎；唇紧张性闭锁见于破伤风、脑膜炎；唇肿胀见于口黏膜的深层炎症和血斑病；唇部疱疹见于口蹄疫、马传染性脓疱口炎、猪传染性水疱病；唇部结节溃疡和瘢痕见于口蹄疫、黏膜病、马鼻疽和流行性淋巴管炎。

（2）气味的病理状态

当动物患消化系统的某些疾病时，口腔上皮脱落及饲料残渣腐败分解而发生臭味，见于热性病、口腔炎、肠炎及肠阻塞等；当动物患有齿槽骨膜炎时，可发生腐败臭味；当奶牛患有酮血症时，可发生大蒜臭味。

（3）黏膜的病理状态

口腔黏膜的检查包括温度、湿度、颜色和完整性。口腔温度升高见于口炎及各种热性病；温度降低见于重度贫血、虚脱及病畜濒死期。湿度降低见于一切热性病、马骡腹痛病及长期腹泻等；湿度增加见于口炎、咽炎、狂犬病、破伤风等。

（4）舌的病理状态

舌的检查应该首先注意舌苔的变化。健康动物舌转动灵活且有光泽，其颜色与口腔黏膜相似，呈粉红色。当循环高度障碍或缺氧时，舌色深红或呈紫色；木舌（舌硬如木，体积增大）可见于牛放线菌病；舌麻痹可见于某些中枢神经系统疾病（如各型脑炎）的后期和饲料中毒（如霉玉米中毒、肉毒梭菌中毒）；舌体横断性裂伤多见于衔勒所致。舌苔是舌表面上附着的一层灰白、灰黄、灰绿色上皮细胞沉淀物。舌苔灰白见于热性病初期和感冒；舌苔灰黄见于胃肠炎，舌苔黄厚见于病情严重和病程长久。

二、咽的检查

1. 检查方法

主要是视诊和触诊，视诊注意头颈姿势及咽部周围是否有肿胀。触诊可用两手在咽部左右两侧触压，并向周围滑动，以感知其温度、硬度及敏感性。当病畜表现吞咽障碍，尤其是伴随着吞咽动作有饲料或饮水从鼻孔流出时，应作咽部检查。如图7-3所示。

2. 健康状态

健康家畜头颈活动自如，饮水采食正常，咽喉部无肿胀。

3. 病理状态

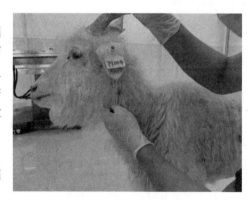

图7-3　羊咽部检查

病畜头颈伸直，咽喉部肿胀，触诊有热痛反应，常见于咽炎。牛咽喉周围的硬肿，应注意结核、腮腺炎和放线菌病；猪应注意炭疽、链球菌病和急性肺疫。当发生咽麻痹时，黏膜感觉消失，触诊可无反应。

三、食管的检查

动物的食管检查可采用视诊、触诊和胃管探诊。

（1）视诊

注意观察吞咽动作、食物沿食管通过的情况、局部有无肿胀和波动。

（2）触诊

检查者站在病畜左侧，左手放在右侧食管沟固定颈部，右手指端沿左侧颈部食管沟自上而下滑动检查注意是否有肿胀、异物、波动感及敏感反应等。如图7-4所示。

（3）胃管探诊

食管有阻塞症状或有胃扩张、过食、胀气等时，可采取胃管探诊。根据胃管进入的长度和动物的反应，可确定食道阻塞、狭窄、憩室和炎症发生的部位。通过胃管检查胸部食管疾病的一种方法，同时也是一种有效的治疗手段。

图7-4　羊食管检查

胃管操作方法：

① 根据动物的种类的不同，采用的胃导管也不同。对于大动物（牛、马）用长2～3m的橡胶管，而小动物（猪、犬）用长95cm，直径12mm的胃导管。

② 大动物经鼻腔插入胃管，小动物经口腔插入胃管。

③ 保定好动物，固定头部，擦净鼻孔。

④ 将胃管用洁净的水湿润。

⑤ 沿下鼻道（口腔）缓慢插入胃管，到达咽部时有抵抗感，此时，不要强行推进，待动物有吞咽动作时趁机将胃管插入食管。如果没有吞咽动作时，可揉捏咽部，让动物咀嚼并诱发吞咽动作。

⑥ 当胃导管通过咽部后，应先检查是否进入食管内而不是气管中，然后再进行检查、取样或灌药。

判断胃管是否在食管的方法：

① 将胃导管上的胶皮球捏扁，胶皮球不鼓起来。

② 将管口放在耳边听感觉是否有气体流出，没有气体流出。

③ 用上唇吸管口，如果能把唇吸得住。

④ 把胃管的管口放到有水的盆子里，看是否有气泡，在食管里没有冒气泡现象。

⑤ 向管内吹气，在左侧颈沟下部可以看到波动。

⑥ 在推进胃管时，感觉是否有阻力。在食管里没有阻力。如果有气泡、气体，吸不住唇，胶皮球鼓胀，看不到波动现象及有阻力时则说明胃管在气管里面，停止操作，不能进行灌药液等。

注意事项：

① 动物要采取保定措施，以确保人、畜安全。

② 在胃管作为治疗措施时，灌药时要小心，药量不要太多，速度不要过快。

③ 胃管在使用前要洗净、消毒。

④ 涂上润滑剂或水，使食管壁润滑。

⑤ 插入、抽出胃管时要小心，动作要轻柔，缓慢。

⑥ 投药结束后要灌少量的温水，冲洗胃管里面的药物。

⑦ 如果遇到黏膜损伤、出血时，应该拔出胃管、停止操作，采取止血措施。

测试与拓展

一、选择题

1. 牛发生口蹄疫时，检查口腔可出现的主要变化为（　　）。

A. 双唇紧闭，口温升高，口腔黏膜潮红

B. 口唇肿胀，流涎，口腔干臭

C. 口唇松弛，口温低下，口腔黏膜发绀

D. 唇部疱疹，口腔黏膜有红肿、疱疹或溃烂

E. 唇舌肿胀，口腔有腐败臭味，口腔干燥，黏膜极度苍白

2. 动物发生咽炎时，其特征症状是（　　）。

A. 咽部肿胀　　　　B. 流口水　　　　　　C. 吞咽障碍

D. 采食障碍　　　　E. 咳嗽

3. 病牛口腔及呼出气有烂苹果味，多提示发生了（　　）。

A. 牛氯仿中毒　　　B. 牛烂苹果渣中毒　C. 牛维生素 B_6 缺乏

D. 牛酮血症　　　　E. 牛瘟

4. 口唇的紧张性增高，可见于（　　）。

A. 面神经麻痹　　　　B. 破伤风　　　　　　C. 口炎　　　　　　D. 下颌骨骨折

5. 动物发生下列疾病时表现流涎，（　　）除外。

A. 有机磷中毒　　　　B. 咽麻痹　　　　　　C. 口炎　　　　　　D. 阿托品中毒

6. 病牛口腔及呼出气体有烂苹果味，多提示发生了（　　）。

A. 氯仿中毒　　　　　B. 烂苹果渣中毒　　　C. 维生素 B_6 缺乏　D. 酮症

二、简答题

1. 何为吞咽困难？诊断依据是什么？

2. 打开口腔的方法有哪些？简述口腔检查注意事项。

3. 简述食管检查方法和其临床意义。

第三节　反刍动物腹部及胃肠的检查

一、检查方法

1. 腹部检查

主要用视诊和触诊的方法，观察腹围的大小、形状，触诊腹部的敏感性及紧张度，胃肠部的检查主要用视诊、触诊、听诊及影像检查等方法。

2. 瘤胃的检查

反刍动物的瘤胃，占左侧腹腔的绝大部分，与腹壁紧贴。检查部位在左肷部及左腹部，主要用视诊、触诊、叩诊及听诊检查。

视频：瘤胃听诊

（1）视诊

观察左侧肷部的膨隆或凹陷等状态。

（2）触诊

检查者位于动物的左腹侧，左手放于动物背部，右手可握拳，屈曲手指或以手掌放于左肷部，先用力触压瘤胃，以感知内容物性状，后静置以感知其蠕动力量并计算蠕动次数。触诊时内容物似面团样，轻压后可留压痕。随胃壁蠕动而将触诊的手抬起，蠕动力量较强。

（3）叩诊

用手指或叩诊锤在左肷部进行叩诊，以判定其内容物性状。健康牛左肷部上部叩诊呈鼓音。

（4）听诊

多以听诊器进行间接听诊，以判定瘤胃蠕动音的次数、强度、性质及持续时间。听诊瘤胃随每次蠕动波可出现逐渐增强后又逐渐减弱的沙沙声或由远而近的雷鸣声。瘤胃的收缩次数：牛 2～5 次/2min，山羊 2～4 次/2min，绵羊 3～6 次/2min。羊瘤胃听诊如图 7-5 所示。

3. 网胃的检查

网胃位于腹腔左前下方，相当于 6～8 肋间，前缘紧贴膈肌，与心脏相隔 1cm 左右，其后部位于剑状软骨上。

（1）触诊法

检查者蹲于动物左胸侧，屈曲右膝于动物腹下，将右肘支于右膝上并握拳抵在动物的剑突部，然后用力抬高脚的后跟并以拳顶压网胃区，以观察动物反应。

（2）抬压法

由两人分别站于动物胸部两侧，各伸一手于

图 7-5　羊瘤胃听诊

剑突下相互握紧，各将其另一只手放于动物的鬐甲部，两人同时用力上抬紧握的手，并将放于鬐甲部的手用力下压；也可用一木棒横放于动物的剑突下，由两人分别自两侧同时用力上抬，迅速下放并逐渐后移压迫网胃区，以观察动物反应。

此外，也可使用叩诊或使动物走上、下坡路或急转弯等运动，观察其反应。

4. 瓣胃的检查

主要采用听诊和触诊的方法检查。

（1）听诊法

在牛右侧第 7～9 肋间沿肩关节水平线上下 3cm 的范围内进行听诊，以听取瓣胃蠕动音。

（2）触诊法

在右侧瓣胃区进行强力触诊或以拳轻击，以观察动物是否有疼痛反应。

5. 真胃的检查

（1）真胃的视诊与触诊

牛于右侧第 9～11 肋间、沿肋弓下，进行视诊和深触诊。

（2）真胃的听诊

在真胃区可听到蠕动音，类似肠音，呈流水声或含漱音。

（3）肠蠕动音的听诊

于右腹侧可听诊肠蠕动音，声音较弱，类似大小流水声或含漱音。

二、健康状态

正常左侧肷部稍凹陷，采饱食后变得平坦或微凸，健康瘤胃的上部为空气有空虚感，中部为液体状有柔软感，下部为食团有坚实感。正常瓣胃的蠕动音呈断续性细小的捻发音，在采食后较为明显。

三、病理状态

1. 腹部的病理状态

（1）腹围膨大

左肷部膨隆，叩诊呈鼓音，主要见于瘤胃臌胀，牛右侧肋骨弓下沿出现局限膨隆可见于真胃阻塞。

（2）腹围缩小

主要见于长期饲喂不足，慢性消耗性疾病等。

（3）腹壁敏感

主要见于腹膜炎。

（4）腹下浮肿

触诊留有指压痕，可见于腹膜炎、肝片吸虫病、肝硬化、创伤性心包炎、心脏衰弱和肾性水肿等。

2. 瘤胃的病理状态

① 左肷部膨隆，触诊有弹性，叩诊呈鼓音，是瘤胃臌胀的特征。

② 肷部下陷见于饥饿或慢性前胃弛缓等。

③ 触诊内容物硬固或呈面团样、压痕久不恢复，可见于瘤胃积食。

④ 内容物稀软可见于前胃弛缓。

⑤ 冲击性触诊瘤胃出现"咣啷"声，可见于瘤胃积液，是真胃阻塞的特征。

⑥ 瘤胃蠕动频繁、蠕动音增强，可见于瘤胃臌胀的初期。

⑦ 蠕动稀少、微弱、蠕动音短促，可见于瘤胃积食、前胃弛缓以及其他原因引起的前胃功能障碍。

3. 网胃的病理状态

当进行网胃检查时，动物表现不安、痛苦、呻吟或抗拒，试图卧下，不愿意走下坡路时，是网胃的疼痛敏感反应，主要见于创伤性网胃炎或网胃、膈肌、心包炎。特别提示，要区别健康牛在进行上述疼痛敏感试验时，动物出现挣扎、不驯的一些反应。

4. 瓣胃的病理状态

瓣胃蠕动音消失，可见于瓣胃阻塞，触诊敏感，表现为动物疼痛不安、呻吟、抗拒，主要见于瓣胃创伤性炎症，亦可见于瓣胃阻塞或瓣胃炎。

特别提示，在进行瓣胃检查中，要特别注意瓣胃蠕动音在正常情况下是很微弱的，同时牛对触诊敏感性不高的特点，在疑似瓣胃阻塞的病例中，最好进行瓣胃穿刺，以免做出错误判断。

5. 真胃的病理状态

① 真胃视诊如发现肋弓下方出现膨隆，可见于真胃阻塞或扩张。

② 真胃和肠蠕动音亢进，可见于胃肠炎。

③ 真胃触诊呈敏感反应，见于真胃炎或真胃溃疡。

测试与拓展

一、选择题

1. 反刍动物腹围左腹侧上方膨大，肷窝凸出，脱壁紧张面有弹性，叩诊呈鼓音，见于（　　）。

A. 急性瘤胃臌气　B. 瘤胃积食　C. 创伤性心包炎

D. 慢性消耗性疾病　E. 皱胃积食

2. 反刍功能障碍表现，（　　）除外。

A. 每次的反刍持续时间过短　B. 开始出现反刍时间过迟

C. 反刍完全停止　D. 每昼夜出现的反刍次数稀少

3. 健康牛每小时嗳气次数为（　　）次。

A. 4～8　B. 10～20　C. 20～30　D. 30～40

4. 健康成年牛，一昼夜反刍次数为（　　）次。

A. 4～8　B. 10～20　C. 20～30　D. 30～40

5. 健康成年牛，每分钟瘤胃蠕动次数为（　　）次。

A. 1～3　B. 3～5　C. 4～8　D. 8～10

6. 瘤胃收缩蠕动波持续时间为（　　）。

A. 15～30s　B. 5～10s　C. 40～50s　D. 50～60s

7. 瘤胃臌气初期说法正确的是，（　　）除外。

A. 瘤胃蠕动次数增加　B. 瘤胃蠕动强度增大

C. 瘤胃持续时间延长　D. 瘤胃蠕动消失

8. 瘤胃蠕动次数稀少，力量微弱，一般与（　　）**无关**。

A. 前胃弛缓　B. 瘤胃积食

C. 前胃功能障碍　D. 瘤胃臌气初期

9. 牛发生瘤胃积食时，叩诊左肷部出现（　　）。

A. 鼓音　B. 过清音　C. 空匣音　D. 浊音

10. 牛发生创伤性网胃心包炎时表现为，（　　）除外。

A. 上坡容易下坡难　B. 下坡容易上坡难　C. 愿意右转弯

11. 检查牛的肝脏、网胃、瓣胃、食道时，应分别在其（　　）。

A. 右侧，左侧，右侧，左侧　B. 右侧，右侧，左侧，左侧

C. 右侧，左侧，左侧，右侧　D. 左侧，左侧，右侧，右侧

12. 若在牛左侧肋弓区用叩诊和听诊相结合方法，听到钢管音，则提示（　　）。

A. 瘤胃臌气　B. 肠臌气　C. 真胃左方变位　D. 真胃右方扭转

13. 关于真胃检查部位正确的是（　　）。

A. 左下腹第 9～11 肋骨间，沿肋弓紧贴腹底壁

B. 右下腹第 9～11 肋骨间，沿肋弓紧贴腹底壁

C. 右侧第 7～9 肋骨间，肩关节水平线上下 3cm 范围内

D. 左侧第 7～9 肋骨间，肩关节水平线上下 3cm 范围内

14. 真胃叩诊检查呈现鼓音则提示，（　　）除外。

A. 幽门痉挛　B. 真胃扩张　C. 十二指肠扭转　D. 真胃炎

15. 反刍动物的小肠蠕动音为（ ）。

A. 捻发音　　　B. 含漱音　　　　　C. 沙沙声　　　　　D. 雷鸣音

16. 肠音增强见于（ ）。

A. 肠便秘　　　B. 肠套叠　　　　　C. 热性病　　　　　D. 急性肠炎

二、简答题

1. 简述大动物和小动物腹腔检查的特点及临床意义。

2. 列举反刍动物四个胃的生理解剖位置。

3. 腹腔检查常用的临床检查方法有哪些。

4. 简述瘤胃的病理状态。

第四节　单胃动物腹部及胃肠的检查

一、检查方法

观察腹部的轮廓、外形、容积及肷部的充满程度，应做左右侧对比观察。

触诊时，检查者位于一侧，一手放于动物背部，一手以掌心平放于腹侧壁或下侧方，用腕力作间断性的冲击式触诊或以手指垂直向腹壁进行突击式触诊，对大动物也可用拳做腹壁冲击性触诊，以感知腹壁的紧张度、敏感性和腹内容物的性状。马的胃位于腹腔中部偏左侧，其体表投影位置在左侧第14～17肋间，髋结节水平线上下相对应处。由于马属动物胃的位置较深，胃管探诊有一定诊断意义。对于腹部检查，临床上常用精神状态、食欲、舌苔、口腔气味、胃管探诊及其他检查综合分析评定。

二、健康状态

肠管的检查主要进行听诊，以判定肠蠕动音的频率、性质、强度和持续时间。听诊时，每一听诊点应听诊不少于半分钟。小肠主要在左肷部，盲肠在右肷部，右侧大结肠沿右侧肋弓下方，左侧大结肠则在左腹部下 1/3 处听诊。必要时可配合进行叩诊或直肠检查。正常腹部叩诊音大致呈半浊音，小肠蠕动音如流水声或含漱音，马正常时每分钟 8～12 次，大肠音如犹如雷鸣音或远炮音，每分钟约 4～6 次。

三、病理状态

1. 腹部的病理状态

① 腹围膨大。除可见于妊娠和发育期贪吃的幼畜外，常见于肠臌气、胃肠积食、腹水及腹壁疝等。

② 腹围卷缩。可见于长期饥饿，剧烈的腹泻，慢性消耗性疾病等。

③ 腹壁敏感。表现对触诊呈疼痛反应，动物回视、躲闪、反抗，主要见于腹膜炎。

④ 腹肌紧张。腹肌紧张性增高主要见于破伤风、重度骨软症等；紧张性降低见于腹泻、营养不良、热性病等。

⑤ 腹壁疝。对呈现局限性膨大部分进行触诊，其特点是触压柔软或有波动并可发现疝环，并经此可将部分脱出的肠管进行还纳。

2. 胃肠部的病理状态

① 触诊胃区有不安、呻吟等疼痛反应，可见于胃炎、胃食滞。

②出现猝死且腹围迅速膨大，多见于产气性细菌性感染。不排尿、腹围膨大，提示有膀胱破裂倾向。

③胃肠积气。肠臌气时肷窝常隆起，严重者腹围呈浑圆状态，叩诊时发出清朗的鼓音。

④胃肠积食。马大肠内积聚大量内容物，也可使腹围膨大，但叩诊多呈浊音，见于结肠阻塞。

⑤腹腔积水。腹水增加时腹围膨大、下垂并多呈向两侧对称性扩展的特征。触诊有波动感或感到有回击波与震荡声。叩诊呈水平浊音，变换体位时，其水平浊音的位置随之改变，常见于腹膜炎。

⑥肠音性质改变。胃肠炎时蠕动音可增强，频繁的流水音可见于肠炎，频繁的金属音是肠内充满大量的气体或肠壁过于紧张。重度便秘时肠蠕动音减弱甚至消失，肠便秘时深触诊可感知较硬的粪块。

📖 测试与拓展

一、选择题

1. 触诊犬腹部有串珠样硬物且敏感，说明该犬患有（　　）。

A. 肠炎　　　　　B. 肠便秘　　　　　C. 肠臌气　　　　　D. 肠扭转　　　　　E. 肠套叠

2. 听诊检查马肠音时，在右侧肷部听诊的肠音为（　　）。

A. 小结肠音　　　B. 小肠音　　　　　C. 盲肠音　　　　　D. 大结肠音　　　　E. 大肠音

3. 动物临床表现里急后重，见于（　　）。

A. 直肠炎　　　　B. 腹膜炎　　　　　C. 尿道炎　　　　　D. 子宫内膜炎　　　E. 胃肠臌气

4. 马属动物每分钟可听到小肠蠕动（　　）。

A. 3～5 次　　　　B. 5～8 次　　　　C. 8～12 次　　　　D. 12～15 次

5. 下腹部显著增大，触诊有波动感，叩诊呈水平浊音，可见于（　　）。

A. 腹膜炎　　　　B. 腹下浮肿　　　　C. 膀胱内充满尿液　　　　D. 尿路结石

二、简答题

1. 简述单胃动物腹部检查方法。

2. 简述单胃动物临床常见腹部病理变化。

3. 简述单胃动物胃肠临床常见的病理变化。

第五节　排粪及粪便的感官检查

一、检查方法

1. 排粪动作检查

当粪便在直肠中聚积时，引起对直肠壁的机械刺激，产生的冲动由盆内脏神经传入到荐部脊髓，再上传到大脑皮质，引起排粪动作。临床上一般采取视诊法检查。

2. 粪便采集

通常情况下，动物粪便标本使用自然排出的粪便。收集粪便标本的方法因检查目的不同而有差别，如一般检验留取指头大小（约 5g）新鲜粪便即可，放入干燥、清洁、无吸水性的有盖容器内送检，标本容器最好用内层涂脂的硬纸盒，便于检查后焚毁。检测血吸虫毛蚴孵化则留新鲜粪便不少于 30g。细菌检查的粪便标本应收集于灭菌封口的容器内，勿混入消毒剂及其他化学药品，并立即送验检查。

3. 粪便感官检查

通过视诊和嗅诊重点检查粪便的形状、硬度、颜色、气味、量及混杂物。

二、正常状态

1. 排粪动作

在正常状态下，各种动物均有固定的排粪姿势。大动物排粪时，背腰稍拱起，后肢稍张开并略向前伸，小动物排粪采取近于坐下的下蹲姿势，其中马和羊在行进中可以排粪。

2. 粪便状态

健康动物粪便的形状和硬度取决于饲料的种类、含水量，而与饮水量无关。正常时，马属动物粪便呈圆块状，具有中等湿度，落地后部分破碎，粪便含水量约 75%；牛粪呈叠饼状，含水量约 85%，放牧吃青草时呈稠粥状；羊粪呈球形，含水量约 55%，放牧吃青草时呈圆柱状或条状；猪粪为稠粥状，完全饲喂配合饲料的猪，其粪便呈圆柱状；犬和猫的粪便呈圆柱状；禽类为圆柱状细而弯曲，外覆一薄层白色尿酸。

三、病理状态

1. 病理性排粪

（1）便秘

便秘是肠蠕动及分泌机能下降的结果。其特点是粪色深，干小，外面附有黏液。动物表现排粪吃力、次数减少，见于各种热性病、慢性胃肠卡他、肠阻塞、牛前胃弛缓、瘤胃积食和瓣胃阻塞等。

（2）下痢

下痢是肠蠕动及分泌机能亢进的结果，其特点是粪呈粥状或水样。动物表现排粪频繁，见于各种类型的肠炎及伴发肠炎的各种传染病，如猪瘟、牛副结核、猪大肠杆菌病、仔猪副伤寒、传染性胃肠炎及某些肠道寄生虫病等。

（3）里急后重

动物屡呈排粪动作，但每次仅排出少量的粪便或黏液，见于直肠炎、子宫内膜炎和阴道炎。

（4）排便疼痛

动物排粪时表现疼痛、不安、惊恐、努责、呻吟，主要见于腹膜炎、直肠炎、胃肠炎和创伤性网胃炎。

2. 病理性粪便

（1）气味

粪便有特殊腐败气味或酸臭味，见于肠炎、消化不良。

（2）颜色

灰白色粪便，见于仔猪大肠杆菌病、雏鸡白痢；灰色粪便，见于重症小肠炎、胆管炎、胆道阻塞和蛔虫病；褐色和黑色粪便，见于胃和前部肠管出血；红色粪便，即粪球表面附有鲜红血液，见于后部肠管出血；黄色或黄绿色粪便，见于重症下痢和肝胆疾病。

（3）混杂物

粪便混有未消化的饲料，见于消化不良、骨软症和牙齿疾病；粪便混有血液，见于出血性肠炎；粪便混有呈块状、絮状或筒状纤维素，见于纤维素性肠炎；粪便混有多量黏液，见于肠卡他；粪便混有脓汁，见于化脓性肠炎；粪便混有灰白色、成片状的伪膜，见于伪膜性肠炎和坏死性肠炎；混便混有虫卵，见于各种肠道寄生虫病。

📑 测试与拓展

一、选择题

1. 下列中**不属于**动物排粪障碍表现的是（　　　）。

A. 便秘　　　　　　B. 腹泻　　　　　　C. 排粪失禁　　　　D. 里急后重　　　　E. 乱排乱拉

2. 动物表现排粪带痛，**不提示**（　　　）。

A. 腹膜炎　　　　　B. 肛门括约肌松弛　　　　　C. 直肠穿孔　　　　　D. 胃肠炎

二、简答题

1. 排粪动作的病理变化有哪些？

1. 简述粪便感观检查的临床意义。

第六节　直肠检查

对大动物以手伸入直肠并经肠壁而间接对盆腔器官及后部腹腔器官进行检查的方法，称为直肠检查法。它是兽医临床诊断常用的检查方法。

牛的直肠检查除用于妊娠诊断外，对于肠阻塞、肠套叠及真胃变位等疾病的诊断都有一定意义。此外，对膀胱、肾及尿路检查也很重要。

一、操作准备

① 被检动物应确实保定。一般以六柱栏保定较为方便，通常要加肩绳和腹绳，必要时可用鼻捻子保定，以防卧倒或跳跃。也可根据需要，采取横卧保定或仰卧保定。对被检动物实施保定后，助手可将尾提到检查者所在的另一侧。为便于检查，可使动物取前高后低的位置。

② 术者剪短磨光指甲，穿工作服、胶质围裙和胶靴，充分露出手臂，用肥皂水清洗后，穿戴长袖乳胶手套。

③ 直肠检查前，病畜如出现一些紧急病情，应立即采取相应的抢救措施，如对腹痛剧烈的病马应先镇静，发生肠臌气，腹围膨大，呼吸迫促或困难时，应先行穿肠放气，表现心脏衰弱时，应注射强心剂。

④ 一般情况下，先用温肥皂水约 2000ml 灌肠，以清除直肠内的蓄粪并使肠管弛缓，便于检查。但疑似有直肠穿孔时，切忌灌肠。如果直肠痉挛，过于紧张，可用 1% 普鲁卡因溶液 20～30ml 行后海穴封闭，以促使直肠及肛门括约肌发生松弛。

二、检查方法

将牛只保定在颈夹上，牛直肠内较滑润，一般无需灌肠，如肠内有积粪时，应先掏出。手伸入直肠后，以水平方向渐次前进，将手进入结肠的最后段 "S" 状弯曲部，此部移动性较大，故手得以自由活动，然后按顺序检查。

三、检查顺序

牛直肠检查顺序：肛门→直肠→骨盆→耻骨前缘→膀胱→子宫→卵巢→瘤胃→盲肠→结肠袢→左肾→输尿管→腹主动脉→子宫中动脉→骨盆部尿道。

四、病理变化

1. 膀胱

膀胱位于骨盆底部，空虚时触如拳头大，充满时膀胱壁较紧张，触之有波动感。若异常膨大，提示膀胱积尿；手压则排尿时提示可能存在膀胱麻痹；若手压不排尿则可能提示存在尿道阻塞。触之敏感、膀胱壁增厚，是膀胱炎的征兆。

2. 瘤胃、盲肠

耻骨前缘左侧被庞大的瘤胃上下后盲囊所占据，触摸时表面光滑，呈面团样硬度，同时可触知瘤胃的蠕动波，如触摸时感到腹内压异常增高，瘤胃上后盲囊抵至骨盆入口处，甚至进入骨盆腔内，多为瘤胃膨胀或积食，借其内容物的性状即可鉴别。

耻骨前缘的右侧可触到盲肠，其尖部常抵骨盆腔内，可感有少量气体或软的内容物，右骹上部为结肠袢部位，可触到其肠袢排列，在其周围是空回肠，正常时不易摸到。若触之肠袢呈异常充满而有硬块感时，多为肠阻塞；若有异常硬实肠段，触之敏感，并有部分肠管呈臌气者，多疑为肠套叠或肠变位；右侧腹腔触之异常空虚，多疑为真胃左侧变位。

3. 真胃、瓣胃

正常情况下，真胃及瓣胃通过直肠检查是不能触到的。但当真胃幽门部阻塞或真胃扭转继发真胃扩张，或瓣胃阻塞抵至肋弓后缘时，有时于骨盆腔入口的前下方可摸到其后缘，根据内容物的性状可区分。

4. 肾

沿腹中线一直向前至第 3～6 腰椎下方，可触到左肾，肾体常呈游离状态，随瘤胃的充满反而偏于右侧；右肾因位置在前不易摸到。若触之敏感、肾脏增大、肾分叶结构不清楚者，多提示肾炎；肾盂胀大，单侧或两侧输尿管变粗，多为肾盂肾炎和输尿管炎；母畜还可触诊子宫及卵巢的大小、性状和形态的变化。公畜触诊副性腺及骨盆部尿路的变化等。

5. 子宫、卵巢

子宫角膨大，子宫壁紧张而有波动感，提示子宫蓄脓；卵巢增大，变为球形，一侧卵巢或两侧（较少见）表面上有一个或数个较大的突起，有波动感，提示卵巢囊肿；一侧或两侧卵巢增大，表面有大小不等的蘑菇状坚实突起的黄体，提示永久性黄体。此外，直肠检查尚可用于妊娠诊断。在公牛还可发现副性腺的病理变化，如前列腺肿大等。

📚 测试与拓展

一、选择题

1. 临床确诊牛、马隐睾的方法是（　　）。

A. 叩诊　　　　B. 听诊　　　　C. 直肠造影　　　D. 直肠检查　　　E. 局部穿刺

2. 流产是奶牛妊娠期间常见的一种产科疾病，不足月龄的胎儿死亡，一般情况下会从子宫中自然排出。但有些母牛由于子宫松弛或子宫颈口闭锁等因素，导致胎儿在子宫内腐败分解，骸骨滞留子宫中，如果处理不及时，治疗不恰当，会导致母牛死亡或丧失繁殖能力而被迫淘汰，给生产造成损失。牛胎儿浸溶较少见，发生时常因细菌感染引起子宫炎，并使母牛表现败血症和腹膜炎症状，如精神沉郁、体温升高、食欲减退、瘤胃蠕动弱、常有腹泻，如能耐过，这些症状好转，但母牛消瘦，经常努责，见排出红褐色或棕褐色难闻的黏稠油状液体，有时夹有小骨片，最后可能排出脓汁，沾在尾根上。阴道检查可发现子宫颈开张，在子宫颈或阴道内可摸到胎骨、阴道及子宫颈黏膜红肿。如要进一步确诊，最简单直接的检查方法应是（　　）。

A. 阴道检查　　　B. 直肠检查　　　C. 细菌学检查

D. 心电图检查　　E. 血常规检查

（3～4题共用题干）

有一母牛，产后8天发病，体温升高达41℃，食欲减退，精神不振，呼吸增快，泌乳量减少，弓背努责，不断作排尿姿势；不时从阴门流出脓性恶臭分泌物，尾部被毛被污染。

3. 该病最可能是（　　）。

A. 产后败血症　　　B. 急性子宫内膜炎　C. 慢性子宫内膜炎

D. 肺炎　　　　　　E. 胎衣不下

4. 为确定具体的患病部位，进一步的临床检查是（　　）。

A. 血液涂片镜检　　B. 瘤胃听诊　　　C. 瓣胃叩诊

D. 通过直肠检查子宫　　　　　　　　E. 乳房触诊检查

5. 对大动物直肠检查方法**错误**的是（　　）。

A. 术者剪短指甲并打磨光滑

B. 手臂涂以润滑剂

C. 腹围增大时，无需处理

D. 术者将检手拇指放于掌心，其余四指并拢集聚呈圆锥形

6. 直肠检查膀胱高度膨大，充满尿液，**不提示**（　　）。

A. 前列腺炎　　　B. 膀胱括约肌痉挛　C. 尿道结石　　　D. 膀胱麻痹

二、简答题

直肠检查的方法是什么？简述其注意事项。

第八章　泌尿系统临床检查

学习目标

知识目标

1. 掌握泌尿系统的生理功能。
2. 掌握动物排尿动作检查。
3. 掌握尿液的感官检查内容。
4. 掌握动物肾脏、尿道及膀胱的检查方法。

能力目标

1. 学会泌尿系统检查常用的检查方法。
2. 学会判断动物排尿动作的异常表现。
3. 能够对动物的尿液进行感官检查。
4. 能独立完成对动物的肾脏、尿道及膀胱的检查。

素质目标

1. 在进行泌尿系统检查时，要减少动物痛苦，注重动物福利。
2. 当发现动物出现泌尿系统疾病时，要具有良好的应变能力，及时诊断，及时控制，及时治疗，确保动物健康安全。
3. 遇到自己不能诊断的疾病时，要善于总结学习，不断提高自身知识储备。
4. 对待工作认真负责，具有职业荣誉感与自豪感。

从动物整体来看，泌尿器官与全身的机能活动有密切关系。肾脏是机体最重要的泌尿器官，不仅排泄代谢最终产物种类多数量大，而且不定期参与体内水、电解质和酸碱平衡的调节，维持体液的渗透压。肾脏还分泌某些生物活性物质，如肾素、促红细胞生成素、维生素 D_3 和前列腺素等。如果泌尿系统的功能发生障碍，代谢最终产物的排泄将不能正常进行，酸碱平衡、水和电解质的代谢就会发生障碍，内分泌功能也会失调，从而导致机体各器官的机能紊乱。另一方面，泌尿器官与心脏、肺脏、胃肠、神经及内分泌系统有着密切的联系，当这些器官和系统发生机能障碍时，也会影响肾脏的排泄机能和尿液的理化性质。

视频：泌尿及
生殖系统的检查

掌握泌尿器官和尿液的检查和检验方法及泌尿系统疾病的症状，不仅对泌尿器官本身，而且对其他各器官、系统疾病的诊断和防治都具有重要意义。单纯的泌尿系统疾病在临床上少见，常见的是其他疾病继发的，在临床检查的时候，很容易被表面现象所掩盖而忽视原发病。泌尿系统的检查方法，主要有问诊、视诊、触诊（外部或直肠内触诊）、探诊、肾脏机能检查、排尿和尿液的检查。必要时还可应用膀胱镜、X线、超声等特殊检查方法。

第一节　排尿动作及尿液的感官检查

一、检查内容

排尿障碍的检查，包括排尿姿势、排尿次数和尿量的检查。

二、正常状态

1. 正常排尿姿势

各种家畜正常排尿姿势，因种类和性别不同，其排尿姿势也不尽相同。但大都取站立姿势。公牛和公羊不做准备动作，只靠会阴部尿道的脉冲运动，尿液断续呈股状一排一停的流出，故可在行走中或采食时排尿；母牛和母羊排尿时后肢展开、下蹲、举尾、背腰拱起；公猪排尿时，尿流呈股状而断续地短促射出；母猪排尿动作与母羊相同；公犬、公猫排尿常将一后肢抬起翘在墙壁或其他物体上而将尿射于该处；母犬和幼犬有时坐位也可排尿。

2. 正常排尿次数及尿量

排尿次数和尿量多少与肾脏的功能、尿路状态、饲料含水量及家畜饮水量、气温、季节及使役程度等因素有密切的关系。不同畜种每日排尿次数及尿量见表8-1。

表 8-1　排尿次数及尿量

畜种	次数/日	尿量/日
羊	2～5次	0.5～2L
猪	3～5次	2～5L
马	5～8次	3～6L
牛	5～10次	6～12L

3. 尿液的感观检查

（1）尿液的颜色

家畜由于种类不同，其尿色也不一样。一般来说，马尿呈深黄色，牛呈淡黄色，猪尿呈水样。

（2）尿液的气味

正常生理情况下，大家畜的尿液呈厩舍味，猪的尿液呈大蒜味，犬猫的尿液呈腥臭味。

（3）尿液的透明度和黏稠度

正常情况下，马属动物的尿液混浊不透明有一定的黏稠度，静置后沉淀，反刍兽的尿液透明不混浊且黏稠度低，静置后不沉淀。

三、病理状态

1. 排尿障碍

（1）尿淋漓

尿淋漓的特征是病畜排尿不畅，排尿困难，尿呈点滴状、线状或断续排出，见于尿闭、尿失禁及排尿疼痛的疾病。

（2）排尿疼痛（尿疝）

尿疝的特征是病畜排尿时拱腰，腹肌强烈收缩，反复用力，前肢刨地，后肢踢腹，头不断后盼或摇尾、呻吟，屡呈排尿姿势，但无尿液排出，或尿液呈点滴状或线状排出，排尿完后，仍较长时间保持排尿姿势，见于膀胱炎、尿道炎、尿道阻塞、阴道炎等。

2. 排尿次数及尿量的异常变化

（1）多尿

排尿次数增多，而每次排尿量增多或不减少，是肾小球滤过机能增强或肾小管重吸收能力减退的结果。见于慢性肾炎初期（因肾小管上皮受损伤，重吸收能力减退），渗出性腹膜炎的吸收期（由于尿液中溶质浓度增高超过肾小管重吸收能力）及糖尿病（因尿糖增高影响水的重吸收）。排尿次数增多，每次尿液减少的，又称频尿。尿液不断呈点滴状排出的，是由于膀胱、尿道、阴门黏膜敏感性增高引起。见于膀胱炎、尿道炎及阴道炎。

（2）少尿

少尿表现为排尿次数减少，尿量也少，是肾泌尿机能降低或机体脱水引起。见于急性肾炎，心脏衰竭，胸腹膜炎（渗出性炎症及剧烈腹泻等）。直检时膀胱无尿液，导尿也无尿液排出或排出量很少。

（3）无尿

即不见排尿，主要是由于肾泌尿机能衰竭，输尿管、膀胱、尿道阻塞及膀胱破裂引起。见于急性肾小球炎症的初期或慢性肾炎的后期，因肾小球不能滤过尿液发生；尿道及输尿管阻塞、膀胱破裂或膀胱麻痹等。临床上常分为肾前性少尿或无尿，肾源性少尿或无尿，肾后性少尿或无尿。

（4）尿闭（尿潴留）

肾脏泌尿机能正常，膀胱充满尿液而不能排出的称为尿闭。此时完全不能排尿或尿液呈点滴状流出，这多是由于尿路受阻引起。见于尿道阻塞、膀胱麻痹、膀胱括约肌痉挛或腰荐部脊髓损伤等。

（5）尿失禁

不受意识控制地排尿，称为尿失禁。主要见于腰荐部脊髓受损、膀胱括约肌麻痹以及脑部疾病等。

3. 尿液异常

（1）颜色异常

① 血尿。尿中混有血液称为血尿。血尿在家畜中较多见，血尿的诊断首先应确定出血部位及病变性质。若为全程血尿，则表示肾出血，尿呈洗肉样均匀色，尿沉渣镜检有红细胞、管型及肾上皮细胞；若为初始血尿，则表示尿道出血，尿沉渣内有细条凝血丝，镜检有尾状上皮细胞或扁平上皮细胞，见于重症尿道炎；若为终末血尿，则表示膀胱出血，尿沉渣内有大小不等的凝血块，镜检有大量扁平上皮细胞，见于重症膀胱炎。

② 血红蛋白尿。尿内含有游离的血红蛋白，称为血红蛋白尿。尿呈葡萄酒红色，透明。尿沉渣镜检无红细胞或仅有少许红细胞。见于溶血性疾病，如幼驹溶血病、犊牛水中毒、焦虫病及败血症等。

③ 肌红蛋白尿。尿内含有肌红蛋白的称为肌红蛋白尿。尿呈红色或茶色，由于肌红蛋白分子小，容易从肾小球滤出，故血浆不呈红色，镜检无红细胞，见于马麻痹性肌红蛋白尿病。

④ 黄褐色尿。当尿内含有一定量胆红素或尿胆原时，则尿呈黄褐色或绿色，主见于实质性肝炎及阻塞性黄疸。另外，服用了呋喃类药物、核黄素、四环素和土霉素时也呈黄色。

⑤ 蓝色尿。服用某些药物时出现，如美蓝、溶石素等。

⑥ 黑色尿。注射石炭酸和酚类制剂时出现。

⑦ 白色尿。主要因为尿液中混有脂肪所致，狗常见。另外，也可见于泌尿系统的化脓性炎症。

（2）气味异常

① 氨臭味。尿液在膀胱内停留时间过久造成氨发酵，主要见于尿道结石、膀胱括约肌痉挛和膀胱平滑肌麻痹。

② 腐臭味。主要见于尿路、膀胱的坏死性炎症和溃疡以及尿毒症。

③ 酮臭味。主要见于反刍兽酮病和奶牛的生产瘫痪。

（3）透明度和黏稠度异常

如果马属动物的尿液变得透明且黏稠度降低，除过劳、过量饲喂精料外，主见于酸中毒和骨软症；如果反刍兽的尿液变得混浊不透明，主见于肾脏和尿路的疾患；小动物尿液不透明，主要见于尿路疾病，如膀胱炎、尿道炎等。

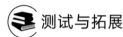 测试与拓展

一、选择题

1. 下列疾病中，临床可出现多尿症状的是（　　）。

A. 膀胱炎　　　　B. 糖尿病　　　　　C. 急性肾炎　　　　D. 尿道炎

2. 慢性肾炎时，临床上常表现（　　）。

A. 少尿　　　　　B. 多尿　　　　　　C. 尿频　　　　　　D. 尿淋漓　　　　E. 尿闭

3. 急性肾小球肾炎时，临床上常出现（　　）。

A. 少尿　　　　　B. 多尿　　　　　　C. 尿频　　　　　　D. 尿失禁　　　　E. 尿闭

4. 健康马的尿液是（　　）。

A. 清亮的　　　　B. 较深黄色　　　　C. 淡黄色　　　　　D. 红色　　　　　E 淡红色

5. 尿闭不提示（　　）。

A. 尿路狭窄　　　B. 膀胱麻痹　　　　C. 尿路阻塞　　　　D. 脊柱断裂

6. 可引起频尿的疾病是（　　）。

A. 尿道炎　　　　B. 膀胱麻痹　　　　C. 脊柱断裂　　　　D. 膀胱括约肌松弛

7. 引起肾前性无尿的疾病是（　　）。

A. 肾炎　　　　　B. 严重脱水　　　　C. 尿路结石　　　　D. 膀胱括约肌痉挛

8. 少尿中尿量减少是指（　　）。

A. 24h 内总排尿量　　　　　　　B. 单次排尿量

C. 12h 内总排尿量　　　　　　　D. 特定时间的排尿量

9. 少尿见于下列哪种情况，（　　）除外。

A. 急性肾炎　　　B. 休克　　　　　　C. 大出血　　　　　D. 醛固酮增多症

二、简答题

1. 泌尿系统检查的内容和方法有哪些？

2. 简述排尿障碍的异常表现和临床意义。

第二节　肾、膀胱及尿道的临床检查

一、泌尿器官的解剖位置

1. 肾脏的位置

肾脏是一对实质性器官，位于脊柱两侧腰下区，包于肾脂肪囊内，右肾一般比左肾稍在

前方。

（1）牛的肾脏

具有分叶结构。左肾位于第 3～5 腰椎横突的下方，不紧靠腰下部，略垂于腹腔中，当瘤胃充满时，可完全移向右侧。右肾呈长椭圆形，位于第 12 肋及第 2～3 腰椎横突的下方。

（2）羊的肾脏

表面光滑，不分叶。左肾位于第 1～3 腰椎横突的下方，右肾位于第 4～6 腰椎横突下方。

（3）马的肾脏

左肾呈豆形，位于最后胸椎及第 1～3 腰椎横突的下方；右肾呈圆角等边三角形，位于最后 2～3 胸椎及第 1 腰椎横突的下方。

（4）猪的肾脏

左右两肾几乎在相对位置，均位于第 1～4 腰椎横突的下方。

（5）犬的肾脏

犬肾较大，蚕豆外形，表面光滑。左肾位于第 2～4 腰椎横突的下方；右肾位于第 1～3 腰椎横突的下面。右肾因胃的饱满程度不同，其位置也常随之改变。

（6）禽的肾脏

禽的两个肾脏都较大，约占体重的 1‰～2.6‰，嵌入在腰荐椎两侧横突之间，使肾脏背面形成相当深的压迹，其间有气囊作为缓冲带，将肾脏与椎骨横突隔开。肾脏分为前、中、后三叶，有时还分出一侧叶。

2. 膀胱的位置

膀胱为贮尿器官，上接输尿管，下和尿道相连。因此膀胱疾病除膀胱本身原发外，还可继发于肾脏、尿道及前列腺疾病等。大动物的膀胱位于盆腔的底部。膀胱空虚时触之柔软，大如梨状；中度充满时，轮廓明显，其壁紧张，且有波动；高度充满时，可占据整个盆腔，甚至垂入腹腔，手伸入直肠即可触知。小动物的膀胱，位于耻骨联合前方的腹腔底部，在膀胱充满时，可达到脐部。

3. 尿道的位置

母畜的尿道位于阴道前庭的下壁，特别是母牛的尿道，宽而短。公畜的尿道则位于骨盆腔的内部。

二、检查方法

1. 肾脏临床检查

动物的肾脏一般可用触诊和叩诊等方法进行检查，但因其位置和动物种属关系，有一定局限性，大动物比较可行的方法是通过直肠进行触诊。体格较小的大动物可触得左肾的全部，右肾的后半部。诊断肾脏疾病最可靠的方法还是尿液的实验室检查。临床一般检查中，如发现排尿异常、排尿困难以及尿液的性状发生改变时，应详细询问病史，重视泌尿器官特别是肾脏的检查，也可结合肾脏患病所引起的综合症状、尿液的实验室检查，以及肾脏功能检查等方法，以判定肾脏的机能状态。

① 视诊：某些肾脏疾病（如急性肾炎、化脓性肾炎等）时，由于肾脏的敏感性增高，肾区疼痛明显，病畜常表现出腰背僵硬、拱起，运步小心，后肢向前移动迟缓。在牛有时腰脏区呈膨隆状；马间或呈现轻度肾性腹痛。猪患肾虫病时，拱背、后躯摇摆。此外，应特别注意肾性水肿，通常多发生于眼睑、腹下、阴囊及四肢下部。

　　② 触诊：触诊为检查肾脏的重要方法。大动物可行外部触诊、叩诊和直肠触诊；小动物则只能行外部触诊。外部触诊或叩诊时，注意观察有无压痛反应。肾脏的敏感性增高则可能表现出不安、拱背、摇尾和躲避压迫等反应。直肠触诊应注意检查肾脏的大小、形状、硬度、有无压痛、活动性、表面是否光滑等。

　　2. 膀胱临床检查

　　牛、马等大动物的膀胱检查，只能行直肠触诊。小动物可将食指伸入直肠，另一只手通过腹壁将膀胱向直肠方向压迫进行触诊，以判定膀胱的充盈度及其敏感性，检查膀胱时，可由腹壁外进行触诊，感觉如球形而有弹性的光滑物体，应注意其位置、充盈度、膀胱壁的厚度、压痛及膀胱内有无结石、肿瘤等。

　　在膀胱的检查中，较好的方法是膀胱镜检查，借此可以直接观察到膀胱黏膜的状态及膀胱内部的病变，也可根据窥察尿管口的情况，判定血尿或脓尿的来源。此外，小动物也可用腹部超声、X 线进行检查。

　　3. 尿道临床检查

　　对尿道可通过外部触诊、直肠内触诊和导管探诊进行检查。公牛、公马位于骨盆腔部分的尿道，可通过直肠内触诊，位于骨盆腔及会阴以下的部分，可行外部触诊。公牛及公猪的尿道有 "S" 状弯曲，导尿管探查较为困难。公马可行导尿管探查。

三、病理状态

　　1. 肾脏的临床病理状态

　　在病理情况下，肾脏的压痛可见于急性肾炎、肾脏及其周围组织发生化脓性感染、肾肿胀等，在急性期压痛更为明显。直肠触诊如感到肾脏肿胀、增大、压之敏感，并有波动感，提示肾盂肾炎、肾盂积水、化脓性肾炎等。肾脏质地坚硬、体积增大、表面粗糙不平，可提示肾硬变、肾肿瘤、肾结核、肾石及肾盂结石。肾脏肿瘤时，触诊常呈菜花状。肾萎缩时，其体积显著缩小，多提示为先天性肾发育不全或萎缩性肾盂肾炎及慢性间质性肾炎。

　　2. 膀胱的临床病理状态

　　在病理情况下，膀胱疾患所引起的临床症状表现有尿频、尿痛、膀胱压痛、排尿困难，尿潴留和膀胱膨胀等。直肠触诊时，膀胱可能增大、空虚、有压痛，其中也可能含有结石块、瘤体物或血凝块等。

　　（1）膀胱增大

　　膀胱增大的原因多继发于尿道结石、膀胱括约肌痉挛、膀胱麻痹、前列腺肥大、膀胱肿瘤以及尿道的瘢痕和狭窄等，有时也可由于直肠便秘压迫而引起，此时触诊膀胱高度膨胀。当膀胱麻痹时，在膀胱壁上施加压力，可有尿液被动地流出，随着压力停止，排尿也立即停止。

　　（2）膀胱空虚（破裂）

　　膀胱空虚除肾源性无尿外，临床上常见于膀胱破裂。膀胱破裂多为外伤引起，或为膀胱壁坏死炎症（如溃疡性破溃）所致。种种原因引起的尿潴留而使膀胱过度充满时，由于内压增高，受到直接或间接暴力的作用也可破裂。膀胱破裂多发生于牛、羊、驹和猪，此时患畜停止排尿，腹部逐渐增大，下腹侧向下、向外膨大，腹腔积尿。直肠检查时，膀胱完全空虚，膀胱呈现浮动感。腹腔穿刺时，可排出大量淡黄、微混浊、有尿臭气味的液体，或为红色混浊的液体，镜检此液体中有血细胞和膀胱上皮细胞。严重病例，在膀胱破裂之前，有明显的腹痛症状。有时持续而剧烈，破裂后因尿液流入腹腔往往引起腹膜炎和尿毒症，有时皮肤可散发尿臭味。

（3）膀胱疼痛

见于急性膀胱炎，尿潴留或膀胱结石等。当膀胱结石时，在膀胱过度充满的情况下触诊，可触摸到坚硬如石的硬块物或沉积于膀胱底部的砂石状尿石。

3. 尿道的临床病理状态

尿道的最常见疾病是尿道炎，尿道结石，尿道损伤，尿道狭窄，尿道被脓块、血块或渗出物阻塞，有时尚可见到尿道坏死。母畜很少发生尿道结石和狭窄，却多发生尿道外口和尿道的炎症性变化。

（1）尿道炎

分为急性和慢性两种，急性者表现为尿频和尿痛，同时尿道外口肿胀，且常有黏液或脓性分泌物，并可能出现血尿乃至脓尿；慢性者多无明显症状，仅有少量黏性分泌物。

（2）尿道结石

多见于公犬、公牛、公羊和公猪等，结石部位牛多邻近于 S 状弯曲之上的部位，也有的在坐骨弓的下方；绵羊多在尿道突的范围内被阻塞；猪多在龟头的尖端。触诊时感到膨大、坚硬，压触时疼痛明显。母畜尤其是母犬也会发生尿道结石。有的病例中，在结石上施以重压时，患病动物表现剧痛，后躯发抖，停止触压，发抖现象也随之消失。此外，牛和猪尿道结石时，在其阴鞘周围的阴毛上有时可触摸到砂粒样硬固物；阴毛上有白色黏液或被黏成块者多为尿道炎的征象。

（3）尿道狭窄

多因尿道损伤而形成瘢痕所致，也可能是结石不完全阻塞的结果。临床表现为排尿困难、尿流变细或呈滴沥状，严重狭窄可引起慢性尿潴留。应用导尿管探诊，如遇有梗阻，即可确定。

测试与拓展

一、选择题

1. 膀胱充满尿液、直肠检查压迫膀胱才有尿液排出，提示（　　）。

A. 膀胱麻痹　　B. 膀胱括约肌痉挛　C. 尿道阻塞　　　D. 肾炎　　　　　E. 膀胱炎

2. 临床上应用三杯尿试验，结果是"第一杯尿有血"，提示出血部位是（　　）。

A. 膀胱　　　　B. 肾脏　　　　　C. 尿道　　　　D. 阴道　　　　E. 子宫

3. 家畜出现以眼睑、腹下、阴囊以及四肢下部的肿胀，无热无痛，这种肿胀属于（　　）。

A. 心性水肿　　B. 肾性水肿　　　C. 营养性水肿

D. 肝性水肿　　E. 血管神经性水肿

4. 母犬，腹围膨大，尿少，触诊腹部膀胱充盈，用力按压有尿液排出，尿沉渣检查无管型、细胞。该病最可能诊断是（　　）。

A. 膀胱破裂　　B. 膀胱炎　　　　C. 膀胱结石　　　D. 膀胱麻痹　　　E. 膀胱憩室

5. 犬，尿频，量少，色红，腹围膨大，触诊膀胱充盈，有压痛，尿沉渣检查可见大的多角形扁平细胞，核小呈圆形或椭圆形，红细胞，多棱状，棺盖状结晶。该病诊断最可能（　　）。

A. 膀胱破裂　　B. 膀胱炎　　　　C. 膀胱结石　　　D. 膀胱麻痹　　　E. 膀胱憩室

二、简答题

1. 简述肾脏的临床检查方法。

2. 简述尿道的病理变化。

3. 简述膀胱的临床病理状态。

第九章　生殖系统临床检查

 知识目标

1. 掌握动物生殖系统的主要生殖器官。
2. 掌握雄性生殖系统的检查方法及注意事项。
3. 掌握雌性生殖系统的检查方法及注意事项。
4. 掌握乳房的检查方法。

 能力目标

1. 能够独立完成雄性生殖系统的检查。
2. 能够独立完成雌性生殖系统的检查。
3. 学会乳房检查的方法并判断其状态。

 素质目标

1. 检查动物生殖器要注意观察，善于发现细微的临床症状并制定相应的诊断方案。
2. 对于疑似患有人畜共患病的动物，要进行科学处理，注重生物安全，避免造成自身感染。
3. 对待动物疾病要全心全意的治疗，要具有严谨负责的工作态度。
4. 对待工作认真负责，具有职业荣誉感与自豪感。

生殖系统检查主要是指对外生殖器官的检查，包括对乳房的检查。生殖系统的病变可能是多种疾病发生时所产生的病理变化，因此对动物生殖器官的检查是判断某些疾病必不可少的方法。

在临床检查过程中若是发现外生殖器官出现肿胀疼痛、血尿、尿道口有异常分泌物、排尿障碍等症状时，可考虑是本身的生殖器官发生疾病所引起。同时，泌尿器官或其他器官病变也可引起继发性伤害。

生殖系统的检查方法，主要有视诊和触诊，其中以触诊较为重要。在本章中，主要介绍公母畜的外生殖器官及母畜乳房的检查方法。

第一节　雄性生殖系统的检查

公畜的生殖器官检查主要包括：生殖腺（睾丸、精囊球腺、前列腺、尿道球腺等）、生殖腺管（附睾、输精管、尿生殖道）、交配器官（阴茎、阴囊）等。

一、检查方法

公畜外生殖器官的检查通常采用视诊和触诊的方法。检查雄性动物外生殖器官时应注意阴囊、睾丸和阴茎的大小、形状，尿道口炎症、肿胀、分泌物或者新生物等。阴囊内有睾丸、附睾、精索和输精管，以及有无隐睾、压痛、结节和肿物等。

二、病理状态

1. 阴囊疾病

由于阴囊低垂，皮薄而皱缩，组织疏松，最易发生阴囊及阴鞘水肿，临床表现为阴囊呈椭圆形肿大，表面光滑，膨胀，有囊性感，局部无压痛，压之留有指痕。如积液明显，可行阴囊阴鞘穿刺，一般积液为黄色透明液体，如为血性液体提示由外伤、肿瘤及阴囊水肿引起。阴囊肿大，如触诊感到冰冷、指压留痕，常见于犬丝虫引起的浮肿。严重时水肿可蔓延到腹下或股内侧，有时甚至引起排尿障碍，触诊有热痛，多见于阴囊局部炎症，睾丸炎，去势后阴囊积血、渗出、浸润及感染，阴囊脓肿，精索硬肿，阴鞘和阴茎的损伤、肿瘤等。此外，阴囊和阴鞘水肿也可发生于某些全身性疾病，如贫血、心脏及肾脏疾病等。发生阴囊疝时，可见阴囊显著增大，有明显的腹痛症状，有时持续而剧烈，触诊阴囊有软坠感，同时阴囊皮肤温度降低，有冰凉感。发现阴囊肿大，如为鉴别阴囊疝和鞘膜积液，应将患畜横卧保定再行检查，除嵌顿性阴囊疝外，阴囊肿物可纳还，而鞘膜积液和脓肿则无改变。

2. 睾丸疾病

检查时应注意睾丸的大小、形状、温度及疼痛等。雄性动物的睾丸炎多与附睾炎同时发生。在急性期，睾丸明显肿大、疼痛，阴囊肿大，触诊时局部压痛明显、增温，患病动物精神沉郁，食欲减退，体温增高，后肢多呈外展姿势，出现运步障碍。如发热不退或睾丸肿胀和疼痛不减时，应考虑有睾丸化脓性炎症。此时全身症状更为明显，阴囊逐渐增大，皮肤紧张发亮，阴囊及阴鞘水肿，且可出现渐进性软化病灶，以致破溃。必要时可行睾丸穿刺以助诊断。患布鲁氏菌病时，常发生附睾炎、睾丸炎及前列腺炎。一侧睾丸肿大、坚硬并有结节，应考虑为睾丸肿瘤。摸不到睾丸，可能为隐睾或先天性睾丸发育不全。

3. 精索肿大

硬肿为动物去势后的常见并发症。可为一侧或两侧，多伴有阴囊和阴鞘水肿，有的出现腹下水肿，有明显的压痛和运步障碍。

4. 阴茎及龟头疾病

在雄性动物阴茎损伤、阴茎麻痹、龟头局部肿胀及肿瘤较为多见。公犬猫阴茎较长，易发生损伤，受伤后可局部发炎，肿胀或溃烂，可见尿道流血，排尿障碍，受伤部位疼痛和尿潴留等症状，严重者可发生阴茎、阴囊、腹下水肿和尿外渗，造成组织感染、化脓和坏死。如用导尿管检查则不能插入膀胱，或仅导出少量血样液体，提示可能有尿道损伤。阴茎嵌顿、阴茎外伤时，阴茎肿大并表现疼痛不安。阴茎根部的海绵体表面发生脓包，龟头肿胀时，局部红肿，发亮，有的发生糜烂，甚至坏死，有多量渗出液外溢，尿道可流出脓性分泌物。雄性动物的外生殖器肿瘤，多见犬，且常发生于阴鞘、阴茎和龟头部，阴茎及龟头部肿瘤多呈不规则的肿块和菜花状，常溃烂出血，有恶臭分泌物。

测试与拓展

一、选择题

1. 检查公犬包皮包囊，表现为包皮炎性肿胀，捏粉样感觉，有痛感，挤压包皮会排出腥臭的浆液性或脓性尿液，包皮口周围的阴毛被尿和脓液污染，最后可能是（　　）。

A. 包皮包囊炎　B. 阴囊炎　　　　C. 睾丸炎　　　　D. 阴囊脓肿　　　E. 鞘膜积液

2. 公猪阴囊膨大，触诊阴囊有软坠感，腹痛，阴囊皮肤温度较低，则提示（　　）。

A. 阴囊疝　　　B. 阴囊炎　　　　C. 睾丸炎　　　　D. 阴囊脓肿　　　E. 鞘膜积液

二、简答题

1. 公畜外生殖器检查方法有哪些？简述其注意事项。

2. 列举公畜的外生殖器的组成。

第二节　雌性生殖系统的检查

母畜的生殖系统检查主要包括：生殖腺（卵巢）、生殖腺管（输卵管、子宫）、外生殖器（阴道、阴门）及乳房的检查。对于大型母畜如牛、马、驴等，检查卵巢和子宫时可采用直肠检查的方法。

一、雌性动物生殖器官检查

1. 检查方法

动物站立保定。检查者站在动物正后方，观察分泌物及外阴部有无变化。必要时可用阴道牵开器进行阴道深部检查，外阴部消毒后，用阴道牵开器扩张阴道，借助于人工光源，仔细观察阴道、子宫颈黏膜的状态。观察黏膜颜色、有无疱疹、有无损伤、炎症、溃疡等病变，同时注意子宫口状态及阴道分泌物。在检查时如果发现母畜的阴门红肿，则需注意母畜是否处于发情期或是具有阴道炎症。

2. 正常状态

健康母畜的阴门呈粉红色，略湿润，阴道和子宫颈呈现粉红色，光滑并且湿润。

3. 病理状态

（1）阴门疾病

若在检查过程中发现阴门处的分泌物增多，从阴道流出黏液性或者脓性的液体，打开阴道后发现阴道黏膜充血、潮红、肿胀、溃疡，常见于阴道炎与子宫炎症。猪、牛的阴户肿胀，常见于镰刀菌、赤霉菌中毒病。阴道或子宫脱出时，在阴门外有脱垂的阴道或子宫；母牛胎衣不下时，阴门外吊着部分胎衣。

（2）阴道疾病

当发现阴门出现异常红肿或有黏液性和脓液性分泌物出现时，应当借助开张器对母畜的阴道进行检查。观察阴道黏膜颜色、有无疱疹、溃疡等病变，同时注意子宫口状态及阴道分泌物。雌性动物发情期阴道黏膜和黏液可发生特征性变化，此时，阴唇呈现充血肿胀，阴道黏膜充血。子宫颈及子宫分泌的黏液流入阴道时，黏液多呈无色、灰白色或淡黄色，有时经阴门流出，常吊在阴唇皮肤上或粘着在尾根部的毛上，变为薄痂。在病理情况下，较多见者为阴道炎。产后感染可致阴道炎，如难产时，因助产而致阴道黏膜损伤，继发感染；胎衣不下而腐败时，也常引起阴道炎。患病动物表现拱背、努责、尾根翘起、时作排尿状，但尿量却不多，阴门中流出浆液性或黏液-脓性污秽腥臭液，甚至附着在阴门、尾根部变为干痂。阴道检查时，阴道黏膜敏感性增高、疼痛、充血、出血、肿胀、干燥，有时可发生创伤、溃疡或糜烂。假膜性阴道炎时，可见黏膜覆盖一层灰黄色或灰白色坏死组织薄膜，膜下上皮缺损，或出现溃疡面，阴道黏膜肿胀，有小结节和溃疡。

（3）子宫颈疾病

在子宫颈口出现潮红、溃疡、肿胀是子宫颈炎的表现；子宫颈口松弛，有多量的分泌物不断流出为子宫炎表现；子宫脱出时，在阴门外有脱垂的阴道或者子宫。

二、乳房的检查

在动物一般临床检查过程中，特别时处于哺乳期的母畜，除了要注意全身状态是否良好以外，应当重点检查乳房的状态并注意乳汁的性状，乳房的检查对乳腺疾病的诊断具有非常重要的意义。

1. 检查方法

（1）视诊

视诊应该注意乳房大小、形状、颜色以及有无外伤、水疱、结节、脓疱等。如果牛、羊的乳房上出现水疱、结节和脓疱，多提示痘疹、口蹄疫。

（2）触诊

通过触诊可以确定母畜乳房皮肤的厚薄、皮温、皮肤的软硬程度以及乳房淋巴结的状态，有无出现淋巴结肿胀、硬结、有无疼痛感等症状。检查乳房的温度时，将两只手分别放在乳房相对称的位置进行相互比较；检查乳房皮肤软硬程度和皮肤厚薄时，可以将皮肤捏成褶皱状并施以重压进行判断；触诊乳房实质及硬结病灶时，须在挤奶后进行，注意肿胀的部位、大小、硬度、压痛及局部温度，有无波动或囊性感。

2. 病理状态

当发生乳房炎时，炎症部位肿胀、发硬，皮肤呈紫红色，有热痛反应，有时乳房淋巴结也肿大，挤奶不畅。炎症可发生于整个乳区或某一乳区。如发生乳房结核时，乳房淋巴结显著肿大，形成硬结，触诊常无热痛。如果乳房表面出现丘状突出，出现急性炎症症状，并渐有波动感，则提示为乳房肿胀。

除隐性型病例外，多数乳房炎患畜，乳汁性状都有变化。检查时可将各乳区的乳汁分别挤入手心或盛于器皿内进行观察，注意乳汁颜色、稠度和性状变化。如乳汁浓稠内含絮状物或纤维蛋白性凝块，或脓汁、带血，可为乳房炎的重要指征。必要时进行乳汁的实验室检查。

📚 测试与拓展

一、选择题

检查母畜乳房时，出现乳腺淋巴结肿大、硬结，触诊无热痛，则提示（　　）。

A. 临床型乳腺炎　　B. 乳腺结核　　　　C. 隐性乳腺炎

D. 乳腺增生　　　　E. 乳腺肿瘤

二、简答题

1. 母畜生殖器、乳房检查方法有哪些？简述其注意事项。

2. 请简述乳汁的实验室检查方法。

第十章　神经及运动机能临床检查

　　神经系统在机体生命活动中，起着主导作用，它调节机体与外界环境的平衡，保证机体内部各器官相互联系与协调，使神经机体成为统一的整体。因此，神经系统疾病，必然会导致一系列神经症状。若其他系统、器官疾病侵害神经系统，也会出现这样或那样的神经机能障碍。临床上神经系统疾病的症状虽然较复杂，但无论中枢神经或外周神经机能障碍，其表现无非是意识障碍、感觉障碍与反射障碍等。根据这些障碍情况，可推断其发病部位及病性。神经系统检查方法与其他系统不同，主要是用呼唤、针刺、触摸被毛、搬动肢体、光照眼球及强迫运动等方法检查病畜有无异常。其他视诊、触诊及叩诊检查是次要的，但在脑病经过中，也有诊断意义。必要时可选择地进行脑脊液穿刺诊断、实验室检查、X线、眼底镜、脑电波等辅助诊断。

视频：神经系统检查

第一节　神经系统检查

　　神经系统主要包括大脑、小脑、脑干、脊髓和外周神经等。神经系统对机体的各个器官系统有着非常重要的调节作用。神经系统的检查不仅对神经系统的疾病有着重要意义，对其他系统疾病如某些中毒性疾病、代谢类疾病等的诊断都具有重要意义。

一、意识障碍

1. 检查方法

意识和精神状态指的是动物机体对外界环境的刺激是否具有反应以及如何反应，主要通过问诊、视诊对动物的精神状态和对刺激的反应情况进行检查。对健康的动物来说，眼、耳、尾及四肢能够对外界环境的刺激做出快速的反应。

2. 正常状态

健康动物对待外界刺激反应迅速，行为敏捷协调，姿势自然。

3. 病理状态

（1）精神兴奋

精神兴奋是中枢神经机能亢进的结果。动物临床表现不安、易惊、轻微刺激可产生强烈反应，甚至挣扎脱缰，前冲、后撞，暴眼凝视，乃至攻击人、畜，有时癫狂、抽搐、摔倒而骚动不安。兴奋发作，常伴有心率增快、节律不齐，呼吸粗重、快速等症状。依其兴奋程度分为异常敏感、不安、躁狂和狂乱。多提示脑膜充血、炎症，颅内压升高，代谢障碍，以及各种中毒病。可见于日射病、热射病、流脑、酮病、狂犬病、马骡锥虫病等。

（2）精神抑制

精神抑制是大脑皮层抑制过程占优势的结果，是中枢神经系统机能障碍的一种表现形式，是神经中枢对外界刺激的反应机能低下或者缺乏的表现。根据程度的不同共分为三种：

① 精神沉郁。是大脑皮层的活动受到最轻微抑制的现象。此时，病畜对周围的事物注意力降低，远离群体独自呆立，低头耷耳，双眼无神。但是对外界的刺激尚能快速反应。牛常卧地，头颈弯向胸侧；猪常卧于黑暗处；鸡常两翅下垂，垂头缩颈，闭目呆立或独自呆卧于僻静处。但对轻度刺激仍有反应。可见于各种热性病、缺氧、鸡新城疫等。

② 嗜睡。是大脑皮层中度抑制的结果。动物主要表现出沉睡的状态，对外界的刺激表现出反应迟钝的现象，给予强烈刺激（如针扎）的情况才会出现短暂的反应，不过又会很快陷入沉睡状态，见于仔猪低血糖病、牛产后瘫痪、脑及脑膜疾病以及中毒病的后期。

③ 昏迷。是大脑皮层活动高度抑制的结果。表现为动物意识完全丧失，反射消失，会出现全身肌肉松弛，瞳孔散大，大小便失禁等现象。动物机体仅仅保留节律不齐的呼吸和心脏搏动，对外界的强烈刺激也无反应。昏迷是一种非常严重的神经机能障碍，常是疾病预后不良的征兆，常见于严重的中毒病、脑病及中暑等。

二、感觉障碍

动物的感觉机能受感觉神经机能的支配，是动物机体与内外环境保持联系的一种特殊功能。外界的各种刺激作用于机体的感受器，再由机体的传导系统传递到脊髓和脑部，最后到达大脑皮质的感觉区，从而产生特定的感觉。当感觉神经元或者感觉传导的路径上任何部分受到损害，均能够引起感觉障碍。临床检查中根据感觉发生障碍的部位，就能够判断出相应的传导结构所发生的某些损害。动物机体的感觉系统分为两类：一类是特殊的感觉系统，例如听觉、视觉、味觉以及嗅觉；一类是一般感觉系统，包括浅感觉（痛觉、触觉、温觉）和深感觉（肌肉、腱、关节感觉）。

（一）一般感觉

1. 浅感觉检查

（1）检查方法

浅感觉的检查主要检查动物机体的痛觉、温觉以及触觉。因为浅感觉的检查容易受到外界环境的影响，所以在检查时应在动物安静的情况下由饲养管理人员协助保定。一般情况下，在检查前用黑布遮住动物的双眼，避免因为动物的视觉引起的反应。

① 痛觉检查：用消毒的针头或者尖锐物，先由臀部开始，使用不同的力量分别沿脊柱的两侧逐渐向颈部刺激直到头部。对四肢的检查应先从四肢的最下部开始，做环形刺激直至脊柱。在刺过程中，注意观察动物的反应情况。

② 触觉检查：用手指或者树枝轻轻接触鬐甲部被毛，观察所接触的被毛、皮肤有无反应，尤以耳内细毛的反应最为明显。并比较身体对称部位的感觉是否相同。

（2）正常状态

健康动物在接受刺激时，会出现刺激部位的被毛颤动，皮肤或者肌肉收缩，有竖耳、回头等动作。

（3）病理状态

① 皮肤感觉性增高（感觉过敏）：给予轻度刺激，即可引起强烈反应，见于脊髓膜炎、脊髓背根损伤（视丘损伤），末梢神经发炎或受压，局部组织的炎症。

② 皮肤感觉性减弱或感觉消失：皮肤感觉迟钝或者感觉完全消失，对各种刺激反应减弱或者消失，甚至在完全清醒的状态下感觉完全消失，这种情况表明神经、传导路径发生器质性病变，或者神经机能处于抑制状态。局限性感觉迟钝或消失，是支配该区域内的末梢感觉神经受到侵害。体躯两侧对称性感觉迟钝或消失，多因脊髓的横断性损伤（如挫伤、脊柱骨折、压迫和炎症等）；体躯一侧性感觉消失，多见于延脑和大脑皮层传导路径受损伤，引起对侧肢体感觉消失；体躯多发性感觉消失，见于多发性神经炎、马媾疫和某些传染病。

③ 感觉异常：没有外界因素的刺激而出现的异常感觉，常常表现为动物集中精神注意机体的某一部位，或者经常、反复啃咬、搔抓同一部位。

2. 深感觉检查

深感觉又称为本体感觉，指的是皮下深部的肌肉、骨骼、关节、腱及韧带等的感觉，主要是对动物机体的空间位置和活动状态产生的感觉。

（1）检查方法

人为地改变动物机体的自然姿势，观察动物的反应。

（2）正常状态

健康动物在去除人为的外力后，姿势立即恢复正常。

（3）病理状态

若去除人为外力后，动物机体保持人为姿势长时间不变，则提示深部感觉机能障碍，可能是大脑或脊髓受损害，如鸡马立克病，两肢前后开叉卧地。

（二）特殊感觉

1. 视觉

（1）检查方法

观察眼睑、眼球、角膜以及瞳孔的状态；着重检查眼的视觉能力及瞳孔对光的反应。检查动物的视力时，可以牵引动物穿过障碍物；可以在动物眼前做欲击打的动作，观察动物是否有躲闪或者闭眼的反应；用手遮住动物的眼睛并突然拿开，让光线突然进入动物的眼中，观察动物瞳孔是否有缩小反应；也可以在光线较暗的条件下，用手电筒突然照射动物的眼睛，观察动物的瞳孔是否有缩小反应。

（2）病理状态

① 斜视是眼球位置不正，由于一侧眼肌麻痹或一侧眼肌过度牵张所致。眼球运动受动眼神经、滑车神经、外展神经及前庭神经支配。当支配该侧眼肌运动的神经核或神经纤维机能受损害时，即发生斜视。

② 眼球震颤是眼球发生系列有节奏的快速往返运动，其运动形式有水平方向、垂直方向和回转方向。提示支配眼肌运动的神经核受害，见于半规管、前庭神经、小脑及脑干的疾患。

③ 瞳孔注意瞳孔大小、形状、两侧的对称性及瞳孔对光的反应。瞳孔对光反应是了解瞳孔机能活动的有效测验方法。用手电筒光从侧方迅速照射瞳孔，以观察其动态反应。在健康动物，当强光照射时，瞳孔很快缩小，除去照射后，随即恢复原状。当"视网膜→视神经→中脑动眼神经核→动眼神经纤维→虹膜瞳孔括约肌"反射弧受损害时，则瞳孔对光反应发生障碍，其表现包括以下方面。

瞳孔扩大：交感神经兴奋（与剧痛性疾病、高度兴奋、使用抗胆碱药有关）或动眼神经麻痹（与颅内压增高的脑病有关）使瞳孔辐射肌收缩的结果。

瞳孔缩小：动眼神经兴奋或交感神经麻痹使瞳孔括约肌收缩的结果，见于脑病（如脑炎、脑积水）、使用拟胆碱药及虹膜炎等。

瞳孔大小不等：两侧瞳孔不等，变化不定，时而一侧稍大，时而另一侧稍大，伴有对光反应迟钝或消失，提示脑干受害。

（3）视力

当动物前进通过障碍物时，冲撞于物体上，或用手在动物眼前晃动时，不表现躲闪，也无闭眼反应，则表明视力障碍。提示在视网膜、视神经纤维、丘脑、大脑皮层的枕叶受损害。伴有昏迷状态及眼病时，可导致目盲或失明。

（4）眼底检查

观察视神经乳头位置、大小、形状、颜色及血管状态和视网膜清晰度、血管分布及有无斑点等。

2. 听觉

（1）检查方法

将动物保定在比较安静的环境中，利用叫喊声或者其他声音对动物进行刺激，观察动物的反应。

（2）病理状态

① 听觉增强：动物对轻微的声音即表现出强烈反应，将耳廓转向发出声音的方向，耳朵一个向前，一个向后，并且表现出惊恐不安、肌肉痉挛等状态。可见于破伤风、狂犬病、牛的酮血症等疾病。

② 听觉减弱：动物对较强的声音刺激没有任何反应，主要见于脑中枢神经系统疾病或者耳膜受损等。

3. 嗅觉

（1）检查方法

在检查前将动物的眼睛用黑布遮住，然后取动物喜食的饲料或者牧草放于动物鼻子前方，让动物闻嗅，观察动物的反应。

（2）正常状态

健康的动物闻到喜欢吃的饲料或者牧草后，能够刺激动物唾液的分泌并出现咀嚼的动作，向饲料或牧草处寻食。

（3）病理状态

当动物机体出现嗅觉障碍时，动物对放于鼻子前方的饲料或者牧草没有任何反应，多由鼻黏膜的炎症所引起的。但应该注意结合其他表现与食欲废绝者进行区分。

三、反射障碍

神经活动的基本方式是反射。在反射弧具有结构和生理完整性的前提下，反射活动才能够实现。当反射弧的结构完整性和生理完整性受到致病因素的影响而发生病理性的改变时，病变部位的反射功能随之发生改变。对反射功能的检查有利于我们对神经系统疾病发生位置的判断和诊断。

1. 检查方法

（1）皮肤反射

① 鬐甲反射：轻轻触及鬐甲部的皮肤，则肩部及鬐甲部皮肌收缩抖动。

② 腹壁反射：针刺腹壁皮肤，腹肌收缩。

③ 肛门反射：轻触肛门皮肤，肛门括约肌立即收缩。

④ 脚爪反射：针刺足掌心皮肤，足爪立即缩拢。

⑤ 提睾反射：刺激股内测的皮肤，同侧的睾丸上提。

⑥ 蹄骨反射：用针或者脚踩蹄冠，正常动物则立即提肢或回顾。此反射可检查颈部脊髓功能。

（2）黏膜反射

① 喷嚏反射：刺激鼻黏膜则引起喷嚏。

② 角膜反射：用羽毛或纸片轻触角膜时，则立即闭眼。

（3）眼部反射

主要有睫毛反射、眼睑反射、结膜反射、角膜反射及瞳孔反射。

（4）深部反射

① 膝盖（跳）反射：检查时动物横卧，使其上侧的后肢肌肉处于松弛的状态，然后可以进行检查。叩击髌骨韧带时，肢体与关节伸展。

② 跟腱反射：动物横卧，叩击跟腱，引起跗关节伸展和球窝关节屈曲。

2. 病理状态

（1）反射减弱或消失

这是反射弧的传导路径受损所致。常提示脊髓背根（感觉根）、腹根（运动根）或脑、脊髓灰质的病变，见于脑积水、多头蚴病等。极度衰弱的病畜反射亦减弱，昏迷时反射消失，这是由于高级中枢兴奋性降低的结果。

（2）反射亢进

这是反射弧或中枢兴奋性增高或刺激过强所致。见于脊髓背根、腹根或外周神经的炎症、受压和脊髓炎等。在破伤风、士的宁中毒、有机磷中毒、狂犬病等常见全身反射亢进。

🕮 测试与拓展

一、选择题

1. 浅感觉检查时发现动物有啃咬、摩擦皮肤等瘙痒感，提示（　　）。

A. 感觉过敏　　　　　B. 感觉减退及缺失　C. 感觉异常

D. 感觉正常　　　　　E. 以上都不对

2. 下列属于动物精神兴奋的症状的是（　　）。

A. 闭目呆立　　　　　B. 骚动不安　　　　　C. 头低耳聋

D. 全身肌肉松弛　　　E. 反应迟钝

3. 浅感觉**不包括**（　　）。

A. 痛觉　　　　　　　B. 触觉　　　　　　　C. 温觉　　　　　　　D. 嗅觉

4. 特殊感觉**不包括**（　　）。

A. 视觉　　　　　　　B. 听觉　　　　　　　C. 味觉　　　　　　　D. 电觉

5. 浅反射是刺激下列哪些结构引起的反应（　　）。

A. 皮肤，黏膜　　　　B. 皮肤，肌腱　　　　C. 皮肤，骨膜　　　　D. 黏膜，肌腱

6. 下列哪些感觉属于深感觉（　　）。

A. 触觉　　　　　　　B. 痛觉　　　　　　　C. 空间位置觉　　　　D. 视觉

7. 下列**不属于**浅反射的是（　　）。

A. 角膜反射　　　　　B. 膝反射　　　　　　C. 肛门反射　　　　　D. 提睾反射

8. 动物昏迷时，下列说法**错误**的是（　　）。

A. 尚存有意识　　　　　　　　　　　B. 对外界刺激无反应

C. 心律不齐　　　　　　　　　　　　D. 呼吸不规则

9. 一猫因腰荐部脊髓损伤致两后肢对称性瘫痪，属于（　　）。

A. 单瘫　　　　　　　B. 偏瘫　　　　　　　C. 截瘫　　　　　　　D. 全瘫

10. 下列符合中枢性瘫痪特点的是，（　　）除外。

A. 肌肉张力增高　　　　　　　　　　B. 腱反射亢进

C. 皮肤反射减弱或消失　　　　　　　D. 肌肉萎缩明显

二、简答题

1. 简述动物精神兴奋与抑制的表现和临床意义。

2. 简述感觉障碍的类型和临床意义。

第二节　运动机能的检查

家畜的运动是在大脑皮层的调解下完成的。在病理状态或各种致病因素的作用下，使支配动物机体运动的神经中枢、传导路径、感受器、效应器等任何一个部位受到损伤，家畜的运动机能就会发生障碍。对动物运动机能的检查有助于诊断和定位神经系统疾病。

动物运动机能障碍主要包括强迫运动、共济失调、痉挛、瘫痪（麻痹）等。

一、强迫运动

强迫运动是指由于大脑、中脑和小脑出现病变而引起的不受意识支配和外界环境影响而出现的强制发生的有规律的运动。

1. 检查方法

检查时首先要观察动物在静止状态下肢体的空间位置以及姿势体态；然后松开动物使其自由活动，观察动物有无不自主的运动、共济失调的现象出现。除此之外，还可以采用触诊

的方法来检查肌腱的能力与硬度；也可对其肢体做其他运动，来感受肢体的抵抗能力。

2. 病理状态

① 圆圈运动：动物按照圆圈运动或时针样运动。

② 盲目运动：表现为无目的的徘徊，或直向前冲，或后退不止，绕桩打转或呈圆周运动，有时以一肢为轴呈时针样动作。提示为脑、脑膜的充血、出血、炎症、中毒等，如马流脑、乙型脑炎、霉玉米中毒、肿瘤、脑包虫病、犬瘟热等。

③ 滚转运动：动物不受意识控制地向一侧倾倒或者强制性卧于一侧，或者以身体的长轴为中心向一侧翻滚，如多头蚴病、猪的脑囊虫病。

④ 暴进及暴退：患畜将头高举或低下，不顾外界障碍向前狂进，叫做暴进，常见于丘脑、纹状体受损等病症。暴退是头颈向后仰，连续后退甚至倒地不起，见于小脑组织受损或颈部肌肉痉挛等。

二、共济失调

共济失调指的是动物在运动过程中由于肌群动作相互不协调而导致动物机体出现体位和各种运动出现异常的一种表现。共济失调共分为两种：静止性共济失调和运动性共济失调。

1. 检查方法

检查时将保定的动物松开让其进行自由活动，观察动物是否出现共济失调的现象。

2. 正常状态

健康的动物在小脑、前庭、椎体系统和椎体外系统的共同作用下调节肌群的协调性，维持姿态的平衡和运动的协调。

3. 病理状态

（1）静止性失调

静止性失调是指动物在站立状态时，不能保持体位平衡，临床上表现为头部或躯体左右摇摆或向一侧倾斜，四肢张力降低、软弱、战栗、关节屈曲，向前、后、左、右摇摆。常四肢叉开，力图保持平衡，运动时跟跄，易倒地，见于小脑、前庭、迷路受损。

（2）运动性失调

运动性失调是站立时不明显，而在运动时出现共济失调，其步幅、运动强度、方向均表现出异常，着地用力，如涉水样，其原因是深部感觉障碍，外周随意运动的信息不能正常向中枢传导所引起。见于大脑皮层、小脑、前庭或脊髓受损。

三、痉挛

痉挛是横纹肌不随意收缩的表现。可以分为阵发性痉挛、强直性痉挛及癫痫。

1. 检查方法

通过视诊的方法观察患病动物是否出现身体僵直或肌肉震颤的现象。

2. 病理状态

（1）阵发性痉挛

单个肌群发生短暂、迅速、如触电样一个接一个的重复的收缩。常见于脑炎、脑脊髓炎、膈肌痉挛、中毒和低血钙病等。

（2）强直性痉挛

肌肉长时间均等的持续收缩。常见于脑炎、脑脊髓炎、破伤风、有机磷农药及硝酸士的宁中毒等。

（3）癫痫

临床上表现为强直、一阵性痉挛，大脑无器质病变而发生异常放电也有可能引起。

四、瘫痪（麻痹）

瘫痪指动物的随意运动减弱或消失，又称麻痹。按病因分为器质性瘫痪和机能性瘫痪；按解剖部位分为中枢性瘫痪和外周性瘫痪。

1. 中枢性瘫痪

中枢性瘫痪是因脑、脊髓高级运动神经病变，也称上运动神经元性瘫痪。其特点是控制下运动神经元反射活动的能力减弱或消失，因而表现反射亢进，肌肉紧张而带有痉挛性，故又称痉挛性麻痹。常见于狂犬病、脑炎和中毒等。

2. 外周性瘫痪

又称下运动神经元性瘫痪。其特点是肌肉张力降低，反射减弱或消失，肌肉营养不良、易萎缩。常见于面神经麻痹、三叉神经麻痹、坐骨神经麻痹等。

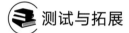 测试与拓展

一、选择题

1. 下列表现中**不属于**动物强迫运动表现的是（　　）。

A. 圆圈运动　　B. 盲目运动　　C. 暴进暴退　　D. 滚转运动　　E. 震颤

2. 患畜的肌肉收缩力正常，但在运动过程中，各肌群不协调，使病畜的体位、运动方向、顺序、匀称性及着地力量等发生改变，该症状是（　　）。

A. 痉挛　　　B. 震颤　　　C. 肌纤维颤动　　D. 强迫运动　　E. 共济失调

3. 牛、羊患有多头蚴病时则出现（　　）。

A. 痉挛　　　B. 震颤　　　C. 肌纤维颤动　　D. 强迫运动　　E. 共济失调

4. 动物出现强直性痉挛，提示患有（　　）。

A. 一氧化碳中毒　　B. 低钙血症　　C. 尿毒症

D. 破伤风　　　E. 药物中毒

5. 下列**不属于**不随意运动的是（　　）。

A. 强迫运动　　B. 瘫痪　　　C. 震颤　　　D. 痉挛

二、简答题

1. 中枢性瘫痪和外周性瘫痪的区别有哪些？

2. 如何区别强直性痉挛和阵发性痉挛？

第二篇

实验室检查技术

第十一章　血液检查

 学习目标

知识目标

1. 掌握血液样本采集、制备与保存的方法。
2. 掌握血常规的检测方法。
3. 掌握血涂片的制作方法及血细胞的镜检观察方法。

能力目标

1. 能独立完成对不同动物进行血液样本的采集。
2. 学会血液样本的制备及保存。
3. 能独立完成血液样品的检测及结果的判读。
4. 能够独立完成血涂片的制备及镜检。
5. 可以独自进行白细胞的分类及计数。

素质目标

1. 科学素养：通过血液的实验室检测，逐步建立科学、严谨和精益求精的科学素养精神。
2. 团队合作：通过制定合理、有效的检测方案，提高团队合作意识。
3. 动物福利：要减少动物痛苦，注重动物福利。
4. 敬业精神：培养吃苦耐劳精神，具备良好的职业道德，做到爱岗敬业。
5. 安全意识：树立实验室安全意识，遵守实验室行为准则。

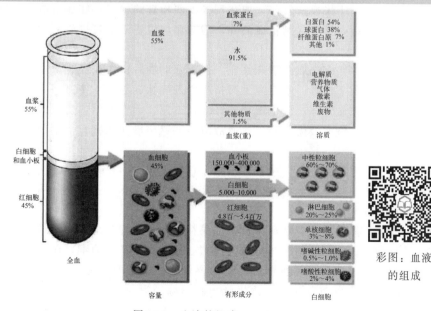

图 11-1　血液的组成

　　血液是由血浆和血细胞两部分组成，通过循环系统与全身各个组织器官密切联系，参与机体呼吸、运输、防御、调节体液渗透量和酸碱平衡等各项生理活动，维持机体正常新陈代谢和内外环境平衡。血液中的细胞和可溶性成分的改变以及异常成分的出现，不仅能反映血液系统本身的生理、病理变化，也可反映出机体各个部分脏器的病理变化。血液组成如图11-1所示。

第一节　血液样本采集与处理

一、血液样品的采集

　　根据检验项目、采血量的多少以及动物的特点，可以选用末梢采血、静脉采血和心脏采血。

视频：采血
物品介绍

　　1. 末梢采血

　　末梢采血适用于采血量少、血液不加抗凝剂而且直接在现场检验的项目，如制作血涂片。马、牛等可在耳尖部采血，猪、羊、兔等在耳背边缘小静脉采血，鸡则在冠或肉髯采血。末梢采血的具体操作步骤如下：先保定好动物，在采血部位局部剃毛，用75%酒精消毒皮肤表面，充分晾干后，用无菌针头刺入约0.5cm深或刺破小静脉，让血液自然流出，擦去第一滴血（因其混有皮肤表面杂质、组织液而影响结果准确性），用吸管直接吸取第二滴血做检验。

　　临床实践发现，在血液寄生虫检查时，第一滴血的检出率较高，因此，如怀疑动物发生寄生虫感染时，应选择第一滴血进行检验。穿刺后，如血流停止，应重新穿刺，不可用力挤压，防止细胞形态发生改变而造成误检。鸡血比其他家畜血更易凝固，故吸血时操作要快速敏捷。

　　2. 静脉采血

　　静脉采血适用于采血量较多，或在现场不便检查的项目，如血沉测定、红细胞压积测定及全面的血常规检查等。除制备血清外，静脉血均应置于盛有抗凝剂的容器中，混匀后以备检查。

　　马、牛、羊一般多选取颈静脉采血。保定好动物后，先在穿刺部位（颈静脉沟上1/3与中1/3交界处）剪毛消毒，然后左手拇指压紧颈静脉近心端，使之怒张，右手拇指和食指捏紧消毒、干燥的采血针体，食指腹顶着针头，迅速、垂直地刺进皮肤并进入颈静脉，慢慢向外调整针的深度。待血液流出时，让血液沿容器壁缓慢注入盛有抗凝剂的容器中，并轻轻晃动，以防血液凝固。

　　牛也可进行尾静脉采血：采血人员站立在牛正后方，将牛尾向上抬起，在第一尾椎与第二尾椎之间的尾中线上进针采血。此方法需要人员少，采血速度快，可以独立操作。此外，奶牛还可在乳静脉采血。

　　猪可采取耳静脉采血或断尾采血，如果在小猪的耳静脉采血有困难，必要时可在前腔静脉采血。耳静脉采血一般用于体格较大的猪。保定后，耳部消毒，以手指压迫近心端耳部静脉，使血管怒张，针头刺入血管后，动作要轻柔，采血要缓慢，否则血液不回流使静脉瘪陷。猪前腔静脉是由左右两侧的颈静脉与腋静脉至第一对肋骨间的胸骨柄汇合形成。采血时，针头刺入部位在与耳根和对侧肩胛骨上缘连线垂直线的胸骨端处，大猪采用站立保定，小猪可以采用仰卧保定。左侧靠近膈神经，故以右侧采血为宜。将猪仰卧保定后，把两前肢向后方拉直，同时将头向下压，使头颈伸展，充分暴露胸前窝。常规消毒后，手执注射器，使针尖斜向对侧后内方，与地面呈60°，向右侧或左侧胸前窝刺入，边刺边回抽，进针2~4cm深即可抽出血液。然后拔出注射器，除去针头，将血液慢慢注入盛有抗凝剂的容器中。

禽可在内侧的翅静脉采血，先拔去羽毛，消毒后用小针头刺入静脉，让血液自然流入盛有抗凝剂的容器中即可。

视频：鸡翅静脉采血

犬、猫及其他肉食兽可在四肢的静脉采血，如在隐静脉采血时，进行局部剪毛消毒，助手在跗关节的上部握住股部，以固定后腿并使血管怒张，同时用注射器刺入，即可抽出血液。

3. 心脏采血

禽和实验小动物需要血量较多时可用本法，多用于进行尸体剖检前的血液采集检验。如鸡的心脏采血，将鸡右侧卧保定，左胸部向上，用10ml注射器接上5cm长的20号针头，在胸骨脊前端与背部下凹处连线的中点，垂直或稍向前内方刺入2~3cm，即可采得心血。成年鸡每次可抽血5~10ml。

再如兔的心脏采血，将兔在固定板上仰卧保定，进行局部剪毛消毒，用左手后4个手指按紧兔的右侧胸壁，拇指感触兔左侧胸壁心脏搏动最强处，右手持注射器垂直刺入，边刺边回抽，如刺中右心室，可得暗红色的静脉血，如刺中左心室，则抽出鲜红色的动脉血。成年兔每次可抽血10~20ml。心脏采血过程中，如果操作不慎，易损伤肺脏，更有慎者，引起大出血死亡。

二、血液样品的制备及保存

常规血液制备可分为抗凝血和非抗凝血，抗凝血主要用作细菌或病毒检验样品，非抗凝血一般等血液凝固后析出血清做血清学检测试验。

1. 血浆的制备

在采血器内加入适量的抗凝剂，采血后，反复颠倒采血器，使抗凝剂与血液充分混匀，静置或经过离心使血细胞下沉后，上清液即为血浆。用于血浆化学成分的测定和凝血试验等。

2. 血清的制备

一般血液在室温下倾斜放置2~4h（防暴晒），待血液凝固后自然析出血清。或首先将采集的血液样品置室温半小时，待血液凝固后2000~3000r/min离心5~10min，上清液即为血清；如离心后有轻微的溶血，用牙签将血凝块挑出，将混有红细胞碎片的血清再次离心，用干净吸管收集血清于干燥的离心管中，贴上标签备用。如血清溶血严重，应剔除样品。血清与血浆相比较，主要缺乏纤维蛋白原。血清主要用于兽医临床化学和免疫学等检测。

3. 全血的制备

全血制备与血浆制备基本相同。供全血分析时，抗凝剂选用会直接影响化验结果。

（1）静脉全血 来自静脉的全血，血液标本应用最多，采血的部位依据动物种类而定，如牛在颈静脉，猪在耳静脉或前腔静脉。

（2）动脉全血 主要用于血气分析，采血部位主要为股动脉。

（3）毛细血管全血 也称皮肤采血，适用于仅需微量血液的检验。

4. 选用抗凝剂的原则

① 主要用于血液 pH 值和血液电解质测定的，应选用肝素。

② 主要用于血液促凝时间的测定应选用柠檬酸钠。

③ 主要用于血液有形成分检查的全血应选用 EDTA。

④ 草酸盐不能用作血小板计数和尿素、血氨、非蛋白氮等含氮物质的检测。

⑤ 另外，也可将血液放入装有玻璃珠的灭菌瓶内，振荡脱纤维蛋白。

5. 血液样品的保存与运送

采集的血液样品如不能及时进行检验，必须做适当的处理，防止其成分发生大的变化。

通常分离到的血清与血浆样品保存于密闭试管中，存放于 4℃ 冰箱内或冷冻。全血样品应保存于 4℃ 冰箱内，检验时，样品必须达到室温，达到室温之后轻柔颠倒 5～8 次，使血液充分混匀后，方可检验。如果样品能在 24h 内送往实验室，可保存于 4℃ 环境的保温箱内，如果 24h 内不能抵达或有些样品送往外地实验室时，样品必须冷冻处理后，并在低温下运送。运送途中防止样品泄漏，密闭封装并加冰袋运送，同时要填写详细的样品记录。

6. 制备血液样品的注意事项

严格控制血液样品的变异因素，是使检测结果尽可能符合客观情况的重要环节。因此，在采血过程中应注意下列问题：

（1）规定动物的采血时间

有些血液化学成分有明显的昼夜波动，对采血动物，应在禁食 12h 后采血，这样可以将食物对血液各种成分的浓度的影响减少到最低程度。在刚进完食动物身上采取的血液样品，往往出现血糖、甘油三酯增高，无机磷降低，麝香草酚浊度增加。进食富含脂肪的饲料，常导致血清混浊而干扰很多项目的生化检测。

（2）血液样品来源一致

动脉血和静脉血的化学成分略有差异，整个试验期间，采取的血液样品必须来源一致。

（3）防止分解

血液内某些化学成分，离体后由于氧化酶或细菌的作用，容易分解，致其含量有所改变。所以，为了防止血液内某些化学成分的分解，血液样品被采集后应立即按规定处理，及时检测或加入适当的保存剂按规定保存。

（4）防止气体逸散

血液暴露于空气中后，二氧化碳迅速逸出，并吸收氧气提高血氧饱和度，进而引起血浆成分的改变，因此，在采血过程中要根据检测项目的需要来采取适当的采血方式。

（5）防止污染

采血器及样品容器都必须用化学处理并用蒸馏水冲洗，防止铜、铁等金属离子和污染物影响检测结果。并且在做蛋白结合碘测定时，禁用碘酊消毒采血部。

（6）防止溶血

溶血可以影响许多生化检测项目的结果。红细胞破裂后释放出的物质与血浆中许多成分的浓度不一样，如钠、氯化物、钙等在血浆中的浓度要高于红细胞内的浓度，应予以防止。引起溶血原因常是强力震荡、离心速度过快、温度过低或者过高、加入与血液环境不等渗液体、放置时间过长等。如消毒采血部位时，酒精未干即行采血，有可能混进酒精造成溶血；血清未离心前，携带血液经坐摩托车、拖拉机等剧烈震荡，使血细胞破裂引起溶血；血液存放的容器不洁。

三、采血装置的种类与操作

真空采血装置具有采血量准确、安全性能好、分离血清或血浆效果好、操作使用方便及可一针采多管血样等特点，是临床上替代一次性注射器进行采集血标本的最佳选择。真空采血器由真空采血管、采血针组成。真空采血管是其主要组成部分，主要用于血液的采集和保存，在生产过程中预置了一定量的负压，当采血针穿刺进入血管后，由于采血管内的负压作用，血液自动流入采血管内；同时采血管内预置了各种添加剂，完全能够满足临床的多项综合的血液检测，安全、封闭、转运方便，现在厂家生产的各种采血管利用不同颜色的头盖加以区分。动物临床上主要使用以下几种类型的采血管，如图 11-2 所示。

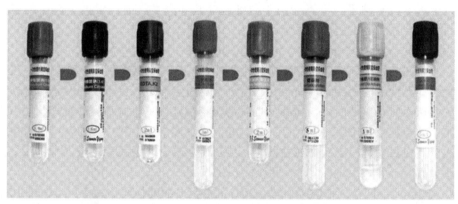

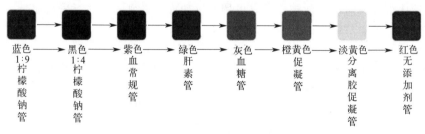

彩图：采血管

图 11-2　一次性真空采血管

1. 一次性真空采血管的种类

（1）红色头盖管

一种无添加剂的干燥真空采血管，其内壁均匀涂有防止挂壁的药剂（硅油）。它利用血液自然凝固的原理使血液凝固，等血清自然析出后，离心使用。主要用于血清生化（肝功、肾功、心肌酶、淀粉酶等）、电解质（血清钾、钠、氯、钙、磷等）、甲状腺功能、药物检测、血清免疫检测等。采完血后不需要混匀，静置 1h 后离心即可。

（2）橘黄色头盖管

一种促凝采血管，其内壁均匀涂有防止挂壁的硅油，同时添加了促凝剂。促凝剂能激活纤维蛋白酶，使可溶性纤维蛋白变成不可溶性的纤维蛋白多聚体，进而形成稳定的纤维蛋白凝块，如果想快点出结果时，可采用促凝管，一般 5min 内可使采集的血液凝固。一般用于急诊生化。

（3）淡黄色头盖管

一种含有惰性分离胶及促凝剂的采血管，其管壁经过硅化处理，并涂有促凝剂可加速血液的凝固，缩短检验时间。管内加有分离胶，分离胶管具有很好的亲和性，起到隔离作用，一般即使在普通离心机上，分离胶也能将血液中的液体成分（血清）和固体成分（血细胞）彻底分开并积聚在试管中形成屏障。离心后血清中不产生油滴，因此不会堵塞机器。主要用于血清生化（肝功、肾功、心肌酶、淀粉酶等）、电解质（血清钾、钠、氯、钙、磷等）、甲状腺功能、药物检测、PCR、血清免疫检测等。

（4）绿色头盖管

一种含有肝素钠或肝素锂的抗凝采血管。肝素是一种含有硫酸基团的黏多糖，带有强大的负电荷，具有加强抗凝血酶Ⅲ灭活丝氨酸蛋白酶的作用，从而阻止凝血酶的形成，并有阻止血小板聚集等多种抗凝作用。肝素管一般用于急诊生化、血流变的检测，是电解质检测的最佳选择，兽医临床也用于凝血四项检测。需要注意的是检验血标本中的钠离子时，不能使用肝素钠管，以免影响检测结果。也不能用于白细胞计数和分类，因肝素会引起白细胞聚集，不可用于白细胞计数和分类的血样采集。

（5）紫色头盖管

一种含有乙二胺四乙酸（EDTA）以及其盐的采血管。乙二胺四乙酸是一种氨基多羧基酸，可以有效地螯和血液中的钙离子，螯合钙会将钙从反应点移走，将阻止和终止内源性或外源性凝血过程，从而防止血液凝固，与其他抗凝剂比较而言，其对血细胞的凝集及血细胞的形态影响较小，故通常使用 EDTA 盐（EDTA-2K、EDTA-3K 或 EDTA-2Na）作为抗凝剂。一般用于血液（血常规）检查及血氨检测。不能用于血凝、微量元素检查。

（6）黑色头盖管

一种含有 0.109mol/L 柠檬酸钠的采血管，其抗凝剂与血液的体积比为 1∶4，一般用于血沉检测，抗凝剂比例偏高时，血液被稀释，可使血沉加快。采血时应注意采足血量，以保证检验结果的准确性，采血后应立即颠倒混匀 8～10 次。

（7）蓝色头盖管

一种内含枸橼酸钠的抗凝管，其抗凝剂与血液的体积比为 1∶9，枸橼酸钠主要通过与血样中钙离子螯合而起抗凝作用，适用于凝血试验。

（8）灰色头盖管

一种内壁涂有氟化钠、草酸钾、肝素钠、EDTA-2K、EDTA-2Na 其中任意两个组合一起皆可用于血糖、糖耐量、糖溶血、乳酸盐等项目检测的血样采集检测。

2. 真空采血装置的使用操作

血液样本的采集按部位分为静脉采血和动脉采血，按采血方式又可分为普通采血法和真空采血法。

普通采血法指的是传统的采血方法，即非真空对静脉穿刺的采血方法。真空采血法又称为负压采血法，具有计量准确、传送方便、封闭无菌、标识醒目、刻度清晰、容易保存等优点，主要原理是将有胶塞头盖的采血管抽成真空。

真空采血管使动物采血变得更加安全方便，因动物有很多毛发，另外有许多动物医院医疗条件差，尤其是大动物很难有良好的医疗环境，因此血液更易污染，而真空采血管有效的避免了血液污染，更好地保护了操作者的安全与血液的完整性状。由此可见采血技术与真空采血管在兽医临床上具有重要意义。

（1）采血前准备与处理

准备止血带、干棉球、75%酒精棉球、采血管、采血针（因犬猫在采血时会挣扎，建议使用软连接式采血针，方便固定采血针），然后保定动物，用酒精棉球将动物毛擦湿，将擦湿的毛分开暴露血管大致位置并进行消毒。

（2）确定采血位点

在做好采血前的准备后，采血者选择一条合适的腿，然后在近心端用合适的止血绷带（小型犬猫可以用橡皮筋代替）扎紧，前肢扎在肘关节后面，后肢扎在踝关节上面。然后在前肢的臂部或后肢的掌部要采血的部位用酒精棉球消毒，用拇指的掌面部感受怒张的血管，必要的时候可以沿着怒张的血管进行剪毛（如果血管怒张不明显，可以沿着前肢中间的一根明显的韧带或后肢掌面的正中部）。如果血管不太清楚时，可以用酒精棉球将采血的局部打湿，以促进血管怒张，有时还可以先松开止血带，轻柔一下采血部位，然后再扎上止血带。

（3）采血装置的操作

找到血管后开始进针，进针点选择在血管的远心端。当血管怒张不是太明显，动物挣扎不是太厉害时，可以正对着血管进针；血管怒张比较明显，动物挣扎比较厉害时，可以从血管的侧面进针，使动物适应后，再进入血管。开始进针时，左手握在其掌部（前肢），使腕关节弯曲，右手拿针，使针与皮肤呈15°，进针后见到血将针放平，沿着血管的走向往前进针，在运针时会有一种比较轻松的感觉。然后用左手的拇指压住采血针的针柄，右手松开止血带后用将采血针的尾端插入到采血管中进行采血。采足够的血后，用右手快速的抽出采血针，并及时用干棉球压迫。按压点在扎针点上靠后一点，直到不再出血为止。

（4）真空采装置的操作事项

① 有抗凝剂的真空采血管：将采集的血液轻柔反复倒置8～10次，不得剧烈震荡，采完血后样品应垂直放置。

② 无抗凝剂的真空采血管：将采集的血液直接放置析出血清或离心获得血浆，以便进行血液项目的检测。

③ 采血顺序：无抗凝剂管（血清管）→分离胶/促凝剂管→肝素/EDTA管→凝血管→血沉管。主要原因是第一管内往往含有组织液，易造成凝血，不适于做血凝测定。

④ 采血量：血液与抗凝剂的比例必须精确，采血量应符合要求。

⑤ 采血针的回收：将用过的采血针套上针套，放入指定的医疗回收桶中。如裸针后必须放入利器盒中进行特殊处理，以防误伤操作者。

📚 测试与拓展

一、选择题

1. 实验室血液检验大剂量用血时，各种动物采血的部位正确的是（　　）。

A. 牛在颈静脉上1/3与中1/3交界处

B. 猪在耳边缘处

C. 犬在尾部内侧

D. 羊在耳尖部

E. 成年鸡在胸骨脊前端至背部下凹陷连线的1/2处

2. 关于全血、血浆和血清的概念叙述，**错误**的是（　　）。

A. 血清是血液离体后血块收缩所分离出的微黄色透明液体

B. 血浆是不含纤维蛋白原的抗凝血

C. 抗凝血一般是指血液加抗凝剂后的全血

D. 脱纤维蛋白全血指用物理方法促进全部纤维蛋白缠于玻珠上而得到的血液

E. 血浆是指除去血细胞的抗凝血

3. 下列抗凝剂量中，既可用作血液抗凝，又可作为血液保养的是（　　）。

　　A. 乙二胺四乙酸盐　　　　B. 枸橼酸三钠　　　　C. 双草酸盐　　　　D. 肝素

二、简答题

查阅相关资料，简述血液凝固的过程。

第二节　血常规检查

　　动物血液的一般检查常指血常规检查。血常规检验的是血液的细胞部分，血液中的细胞成分以红细胞（俗称红血球）、白细胞（俗称白血球）和血小板三种不同功能的细胞为主。临床上通过观察数量变化及形态来判断疾病，是动物临床疾病诊断中应用最广、对辅助诊断最有价值的基本检查之一。随着近些年动物医疗技术的进步，家畜血常规常用仪器法进行检测，特定情况下会采用红细胞手动计数法，因此，主要介绍仪器法测定血细胞。

一、血细胞数量变化的临床意义

1. 红细胞及血红蛋白计数

（1）增多

① 相对增多。由多种原因导致的血浆容量减少，使红细胞相对性增多，多为暂时性，常见于剧烈呕吐、严重腹泻、水摄入减少、利尿后、大面积烧伤、大汗、多尿等；也见于犬和猫焦躁不安、兴奋时，且通常在 1h 内恢复正常。

② 绝对性增多。多由于缺氧而致红细胞代偿增多，红细胞增多的程度与缺氧程度成正比。少数病例是由造血系统疾病所致。

③ 生理性增多。见于胎儿、新生畜、高原环境等。剧烈运动、使役过度、惊吓畜禽时，红细胞也可一过性增多。

④ 病理性增多。见于慢性心肺功能不全、犬和猫肾疾病、肾上腺皮质或甲状腺功能亢进、肿瘤和高睾酮血症等。

（2）减少

① 生理性减少。见于妊娠中、晚期，因血容量增加而使血液稀释。幼年动物因发育迅速，血容量急剧增加而造血相对不足，红细胞和血红蛋白比成年动物稍低。

② 病理性减少。是指血液中红细胞数量绝对减少。见于造血功能障碍、造血原料供应不足、红细胞丢失和破坏过多等原因引起的各种贫血，如犬和猫免疫介导性溶血性贫血（心丝虫病、淋巴瘤及药物诱发的免疫介导性溶血）、虫源性贫血（海因茨小体、巴尔通体、巴贝西虫等）、酶源性贫血（犬丙酮酸激酶缺乏症、犬磷酸果糖激酶缺乏症等）。

2. 白细胞计数

（1）嗜中性粒细胞数量

① 增多。嗜中性粒细胞增多分为生理性增多、类固醇性增多、炎症或感染性增多和其他因素引起的增多。

生理性增多。当动物处于应激、兴奋或运动状态时，肾上腺素分泌增多，脾收缩，心率、血压和血流速度加快，使边缘池嗜中性粒细胞进入循环池，引起循环池中嗜中性粒细胞增多。血液学检查有时可见淋巴细胞增多（猫），而单核细胞和嗜酸性粒细胞正常或下降。通常嗜中性粒细胞的升高能持续 20～60min。

类固醇性增多。类固醇能引起哺乳动物的嗜中性粒细胞升高，但通常无核左移，同时伴有嗜酸性粒细胞减少、淋巴细胞减少和单核细胞增多。类固醇性增多通常可引起中度白细胞增多症。类固醇可以为内源性的（如疼痛、高温等应激），也可以是外源性的（如使用了类固醇类药物）。使用短效类固醇时，在用药物4～8h升高到峰值，并在24～72h内恢复。嗜中性粒细胞升高主要是由减少嗜中性粒细胞进入组织、增加骨髓释放和使边缘池的嗜中性粒细胞进入循环池引起的。

炎症感染性增多。炎症或感染引起嗜中性粒细胞升高时，通常伴有核左移（即杆状嗜中性粒细胞增多），如果杆状嗜中性粒细胞超过了分叶嗜中性粒细胞则可定义为退行性核左移。核左移是典型的炎症反应，核左移的严重程度反映了炎症的严重程度。慢性或轻度炎症可能不会出现白细胞增多症或核左移。

其他因素。其他引起嗜中性粒细胞增多的因素包括组织坏死和缺血、伴有组织损伤的免疫介导性疾病、中毒、出血、溶血、肿瘤（包括非特异性恶性肿瘤和骨髓增生性疾病）等。

② 减少。嗜中性粒细胞减少包括组织消耗过度、骨髓生成减少、无效生成、循环池转移到边缘池增加等。嗜中性粒细胞减少是引起白细胞减少的最常见原因。

急性严重炎症时，可发生嗜中性粒细胞减少症。这是因为从血液进入组织的嗜中性粒细胞量大于骨髓释放量，因此，通常可见核左移。随着骨髓中嗜中性粒细胞释放，48～72h后，白细胞计数开始升高。

嗜中性粒细胞生成减少的原因较多。放射、化疗药或一些药物（如雌激素保泰松、氯霉素等）可引起嗜中性粒细胞减少，通常会伴有血小板减少和贫血。另外，某些病毒如猫瘟病毒、犬细小病毒、猫白血病病毒、猫艾滋病病毒和埃利希体和立克次体感染也会引起嗜中性粒细胞减少，这主要是由于原始粒细胞或增生的粒细胞死亡引起的。但在一过性的急性病毒感染中，嗜中性粒细胞减少可能只是暂时的，骨髓检查若可见粒细胞过度增生，表示正在恢复中。

粒细胞无效生成是不常见的，多见于白血病和骨髓发育不良综合征。骨髓检查可见嗜中性粒细胞增生池增加，而成熟池和存贮池减小。由于过敏反应或内毒素血症等原因嗜中性粒细胞从循环池转移至边缘池时，可引起暂时性的嗜中性粒细胞减少。

（2）嗜酸性粒细胞计数

① 增多。嗜酸性粒细胞是免疫系统的重要组成部分，数量增多常与寄生虫感染和过敏有关，其他情况较少见。局部损伤的分泌物中含大量嗜酸性粒细胞时，血液中常常无嗜酸性粒细胞的升高。最常引起嗜酸性粒细胞过敏的组织是富含肥大细胞的组织，包括皮肤、肺、胃肠道和子宫，体内外寄生虫长期与宿主接触可引起明显的嗜酸性粒细胞增多症。

② 减少。类固醇可引起嗜酸性粒细胞减少症，这主要是通过细胞在血管内的再分布来实现的。同时其他机制包括抑制肥大细胞的脱粒、中和循环中的组胺或细胞因子的释放。儿茶酚胺可通过与β肾上腺能的受体的结合作用引起嗜酸性粒细胞减少。

（3）嗜碱性粒细胞计数

① 增多。循环中嗜碱性粒细胞数和组织中肥大细胞数是成反比的。嗜碱性粒细胞在哺乳动物的血液中是很少的，但组织中肥大细胞却很多。能引起嗜酸性粒细胞增多的IgE介导的疾病也会引起嗜碱性粒细胞增多。一般无嗜酸性粒细胞增多的嗜碱性粒细胞增多是罕见的。嗜碱性粒细胞增多可见于过敏以及超敏反应、寄生虫病、高脂血症等。

② 减少。外周血液中很少能见到嗜碱性粒细胞，很难判断嗜碱性粒细胞减少。

（4）淋巴细胞计数

循环中淋巴细胞数在健康动物中是十分稳定的。幼年动物的淋巴细胞数会稍高些。

① 增多。生理性淋巴细胞增多，常见于健康幼龄猫，少见于犬。这主要是由于循环肾

上腺素升高所致，肾上腺素使血流增加，将边缘池的淋巴细胞冲回循环池。

抗原刺激可引起淋巴结肿大，但血液中淋巴细胞数却很少也成比例增加通常都处于参考范围内。有时在循环血液中可见反应性淋巴细胞。在感染的慢性阶段（如犬埃利希体和落基山斑点热），淋巴细胞可能会出现明显升高。这时应测定抗体滴度以鉴别慢性淋巴细胞性白血病。

淋巴细胞增多常见于淋巴细胞性白血病和淋巴瘤Ⅴ期。在这些疾病的晚期出现淋巴细胞增多，且伴发明显的非再生性贫血，也可以见到血小板减少和嗜中性粒细胞减少。

② 减少。淋巴细胞减少是患病动物常见的表现。高水平的皮质类固醇可引起轻度淋巴细胞减少，如应激、肾上腺皮质机能亢进等。淋巴细胞循环中断（乳糜渗出）可以引起非常严重的淋巴细胞减少，并伴有血浆蛋白减少。炎症急性期或持续性慢性感染均可见淋巴细胞减少。淋巴非胞减少也可见于淋巴肉瘤病例。

（5）单核细胞计数

单核细胞增多主要见于某些感染，如猫免疫缺陷病毒感染、利什曼病、球孢子菌病、焦虫病、锥虫病；某些慢性细菌性疾病，如结核、布鲁氏菌病及化脓性和组织坏死性疾病；也可见于肾上腺功能亢进和单核细胞性白血病。

3. 血小板计数

（1）增多

多为暂时性的，见于急性和慢性出血、骨折、创伤、手术后；也可见于继发性血小板增多，如淋巴瘤、黑色素瘤、肥大细胞瘤、腺瘤、胰腺炎、肝炎、炎性肠病、结肠炎等，以及糖皮质激素和抗肿瘤药物治疗后。

（2）减少

① 生成减少。可见于免疫性或传染性病因诱发的单纯巨核细胞再生不良；传染性或中毒性因素诱导的骨髓泛细胞性再生不良；埃利希体病、猫白血病、猫免疫缺陷病毒病等传染性疾病；药物刺激如雌激素、磺胺嘧啶及非类固醇类抗炎药。

② 血小板清除加快。全身性自身免疫性疾病，如免疫介导性溶血性贫血、肿瘤、心丝虫病、溶血性尿毒症等。

③ 分布异常。与脾功能亢进和内毒素血症有关。也可见于某些真菌毒素中毒、放射病和白血病。

二、血细胞计数技术

动物的血细胞计数分为机器计数和人工计数，随着近些年技术的进步，血细胞计数仪从半自动向着全自动发展，因血液分析仪具有检测项目多、速度快、精度高和易操作等优点，在动物临床上已广泛应用。

目前动物临床上多使用三分类和五分类血细胞分析仪，所谓三分类与五分类其实都是针对白细胞来说的。三分类是指将白细胞分成三大类，是通过一定的稀释液将白细胞分为小细胞群（淋巴细胞）、中间细胞群（嗜酸性粒细胞、嗜碱性粒细胞及单核细胞）和大细胞群（中性粒细胞）。五分类是指借助一定的稀释及化学染色的方法将白细胞直接分为中性粒细胞、淋巴细胞、嗜酸性粒细胞、嗜碱性粒细胞、单核细胞。

全自动血细胞分析仪虽然多应用在血常规检验中，但完全依靠仪器所得到的检测结果并不完全可靠。细胞形态学（血液涂片）联合全自动血细胞分析仪检测血红蛋白、白细胞、红细胞检出率高于单一使用全自动血细胞分析仪检测；全自动血细胞分析仪检测嗜酸性粒细胞、单核细胞、淋巴细胞、中性粒细胞阳性检出率均低于血液涂片细胞形态学联合全自动血细胞分析仪检测。由此可见，联合检测方式下的血红蛋白、白细胞、红细胞检出率更高，嗜酸性粒细胞、单核细胞、淋巴细胞、中粒细胞阳性检出率也更高，准确性较高，误诊、漏诊可能性相对更低。

以迈瑞全自动三分类动物血液分析仪为例，介绍大致操作过程，以人工操作示例白细胞分类计数的方法，临床上应将全自动血细胞分析仪和人工血细胞计数观察结合应用。

1. 全自动血细胞分析仪的操作

（1）开机启动

仪器主机初始化后开始自检，自检时仪器会自动灌注稀释液、清洗液及溶血剂，并清洗液路。自检完成后，仪器自动进入血液细胞分析窗口。

视频：血液
分析仪检测

（2）本底测试

按 F3 清洗机器，查看各项指标是否回归"0"位，其中血小板数值允许在 10 之内。

（3）测试血样

轻轻摇动盛有标本的采血管，血样充分混匀后，将管置于采样针下。按仪器前面的"RUN"键，此时吸样针会伸出到管内吸取血样，待听到"滴"的一声后，方可移走采血管，仪器开始自动分析样本，请等待分析结果。

（4）打印结果

待所有项目测试完毕，各血液测量指标会在血液细胞分析窗口显示，包括血细胞直方图，按打印键打印测试结果。

（5）清洗机器

按清洗键清洗机器管路，直到各项指标数值回归"0"值。

（6）关机

在血液细胞分析窗口，点击屏幕右上角的"关机"图标，屏幕弹出关机窗口。若关闭仪器，点击"是"。仪器开始对液路进行保养、清洗，关机程序运行完毕后，仪器会自动退出系统，此时关闭仪器后面板的电源开关。

2. 白细胞分类计数

（1）涂片

参照"血涂片制备"制备好血涂片，在载玻片一端用记号笔注明畜别、编号及日期。

（2）染色

瑞氏染色法是最常用的染色法之一。用蜡笔在自然干燥的血涂片的血膜两端各画一条横线，以防染液外溢。将血涂片置于水平支架上，滴加瑞氏染液于血涂片上，并计其滴数，直至将血膜浸盖；待染色 1～2min 后，滴加等量缓冲液或蒸馏水，轻轻吹动，使之混匀，再染色 4～10min，用蒸馏水冲洗、吸干，用油镜观察。

（3）分类计数

分类计数先用低倍镜检视血涂片上白细胞的分布情况，一般是粒细胞、单核细胞及体积较大的细胞分布于血涂片的上、下缘及尾端，淋巴细胞多在血涂片的起始端，且以涂片中心地带居多。滴加显微镜镜油，用油镜头进行分类计数。

计数时，为避免重复和遗漏，可用四区、三区或中央曲折计数法推移血涂片，以记录每一区的各种白细胞数。每张血涂片最少计数 100 个细胞，连续观察 2～3 张血涂片，求出各种白细胞的百分比。记录时，可用白细胞分类计数器，也可事先设计一张表格，用画"正"字的方法记录，以便于统计百分数。

（4）正常值

不同种类动物白细胞正常值如表 11-1 所示。

表 11-1　几种动物的白细胞正常值　　　　　　　　单位：%

动物种类	嗜碱性粒细胞	嗜酸性粒细胞	嗜中性粒细胞				淋巴细胞	单核细胞
			晚幼细胞	杆状核	分叶核		
马	0.5	4.5	0.5	4.0	54.0	34.0	2.5
牛	0.5	4.0	0.5	3.0	53.0	57.0	2.0
羊	0.5	4.5	—	3.0	33.0	55.5	3.5
猪	0.5	2.5	1.0	6.5	32.0	55.0	3.5

3. 嗜中性粒细胞的核象变化

外周血中嗜中性粒细胞核象是指粒细胞的成熟程度，而核象变化则反映疾病的病情发展和预后。嗜中性粒细胞的核象变化分为核左移和核右移两种。左、右移的区分线在杆状核与分叶核之间。

（1）核左移

中性粒细胞核左移是指外周血中性杆状核粒细胞增多或出现晚幼粒、中幼粒、早幼粒等细胞。分叶以 3 叶及以下居多，正如杆状核粒细胞增多，或出现杆状以前幼稚阶段的粒细胞，称为核左移。核左移伴有白细胞总数增高者称再生性左移，表示机体的反应性强，骨髓造血功能旺盛，能释放大量的粒细胞至外周血中。常见于感染，尤其是化脓菌引起的急性感染，也可见于急性中毒、急性溶血、急性失血等。

杆状核粒细胞＞0.06，称轻度左移；

杆状核粒细胞＞0.10 并伴有少数晚幼粒细胞者为中度核左移；

杆状核粒细胞＞0.25 并出现更幼稚的粒细胞时，为重度核左移，常见于粒细胞性白血病或中性粒细胞型白血病样反应。

（2）核右移

病理情况下，中性粒细胞的分叶过多，可分 4 叶甚至于 5~6 叶以上，若 5 叶者超过0.05 时，称为中性粒细胞的核右移。核右移是由于造血物质缺乏，使脱氧核糖核酸合成障碍，或造血功能减退所致。主要见于巨幼红细胞贫血、恶性贫血和应用抗代谢药物治疗后，感染的恢复期，也可出现一过性核右移现象。如图 11-3 所示。

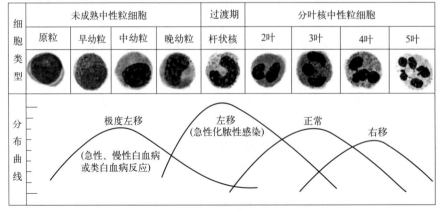

图 11-3　核右移现象

三、血细胞形态检查

1. 血涂片制备

（1）制备方法

通过血涂片检查可以观察红细胞形态、白细胞形态和血小板形态以及是否存在异常细胞。制备出良好的血涂片是判断细胞形态的基础。外周血液涂片常用载玻片法或盖玻片法制备。

视频：血涂片
制备

① 载玻片法

将一滴约 $15\mu L$ 的血液，滴在干净载玻片的近端 1/3 处，用另一张载玻片边缘与其呈 30°角接触，待血液蔓延至接近玻片的宽度时，将玻片平稳而快速地向前推出。两张玻片之间的角度应根据血液的黏稠度进行调整。血涂片应呈舌状，头、体、尾三部分清晰可见。所有血液必须在推片到达末端前用完。目前，兽医临床上主要使用载玻片法制备血涂片。如图 11-4 所示。

视频：猪附
红细胞体检测

② 盖玻片法

将一滴血液滴在干净的载玻片中央，将盖玻片呈对角线放置其上，使血液在两张玻片间均匀分布。如图 11-5 所示。

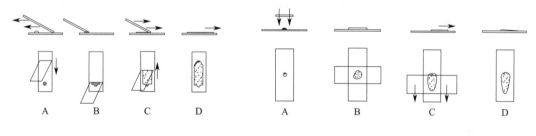

图 11-4　载玻片法　　　　　　图 11-5　盖玻片法

（2）注意事项

① 血涂片过厚或干燥过慢均会导致细胞皱缩，难以辨认。

② 影响血涂片厚度的因素包括血滴大小、血样黏稠度、推片的角度及速度。

③ 推片角度越大、速度越快，则所制作的血涂片会越厚越短。

④ 血涂片制好后，应立即风干，可用洗耳球吹吸或放在离酒精灯火焰上方 5cm 处晃动。避免使用电热吹风。

⑤ 血涂片制好后，应使用铅笔或马克笔在载玻片的磨砂边标注动物信息，以避免混淆。

表 11-2 所示为常见血涂片质量问题及原因。

表 11-2　血涂片质量问题及原因

血涂片质量问题	原因
不规则间断和尾部过长	推片污染、推片速度不均匀、载玻片污染
有空泡(空洞)	载玻片被油脂污染
血膜过长或过短	推片角度不佳或血滴太小
血膜无尾部	血滴太大
两侧无空隙	推片太宽或血滴展开太宽
血膜太厚	血滴大、血液黏度高、推片角度大、推片速度快

2. 血涂片染色

兽医临床上常用的有瑞氏染色法、瑞氏-吉姆萨复合染色法和 Diff-Quik（迪夫）染色法等。染色可以人工染色或使用自动染片机染色，目前国内兽医临床尚未使用自动染片机。Diff-Quik 染色是一种快速染色法，需要时间短，染色效果好，因此，在动物门诊临床上应用较多，但这种染色不能着染嗜碱性粒细胞和肥大细胞。

血涂片风干后，必须进行染色才可以清楚地鉴别各种细胞的特征，以 Diff-Quik 染色法为例说明血涂片的染色过程。

（1）染色过程

待血涂片干透后，用蜡笔在两端画线，以防染色时染液外溢。然后将玻片平置于染色架上，滴加 Diff-Quik 染色液 A 液 3～5 滴，使其迅速盖满血涂片，20s 后用磷酸缓冲液冲去染色液 A，然后再滴加等量或稍多的染色液 B，使其盖满血涂片，20s 后用流水冲去染色液 B，水洗后立即趁湿在显微镜下观察。将观察后认为有价值的血涂片用二甲苯透明，树胶封固保存。

网织红细胞染色需要使用煌焦油蓝染色液。目前，市场上已有商品化的煌焦油蓝染色液，一般将等量的血液和煌焦油蓝染色液混合后，置于 37℃ 条件下放置 10～20min，然后涂片并计数 10000 个红细胞，得出网织红细胞百分比。其中猫的网织红细胞比较特殊，有两种：聚集型和点状。健康猫有 0%～0.5% 的聚集型网织红细胞和 1%～10% 的点状网织红细胞，其他动物大部分的网织红细胞均属于聚集型。

（2）注意事项

① 染液 pH 过低、染色时间不足或过度冲洗均会导致细胞偏红。

② 染液 pH 过高、染色时间过长或冲洗不足均会导致细胞偏蓝。

③ 风干或固定过程中多种因素均可导致红细胞内出现可折光的包涵体，读片时应注意鉴别。

④ 新购置的载玻片常带有游离碱质，必须用浓度约 1mol/L 的盐酸浸泡 24h 后，再用清水彻底冲洗，擦干后备用。用过的载玻片可放入含适量肥皂或中性洗涤剂的清水中煮沸20min，洗净，再用清水反复冲洗，蒸馏水最后浸洗，擦干备用。

⑤ 边缘破碎、表面有划痕的玻片不能再用。

⑥ 使用玻片时，只能手持玻片边缘，切勿触及玻片表面，以保持玻片清洁、干燥、中性、无油腻。

3. 血涂片镜检

血涂片镜检是血液学检查中的重要项目之一，即使是当前最先进的自动血液分析仪也无法完全替代血涂片镜检。高水平的技术员可制备一张良好的血涂片，并能给出非常有价值的信息。进行血涂片镜检之前，应先观察血涂片的整体特征，如单层区或边缘区的大小和位置，同时观察血涂片的整体厚度和染色质量。这些都会影响到镜检结果。进行镜检时，应先在低倍镜下扫查整个血涂片，选择最佳读片区域。理想区域是细胞量丰富但不重叠或成簇、扭曲，该区域靠近羽状缘，使用油镜可更准确地评估正常和异常细胞。应按照一定的路径进行白细胞分类计数，以防止重复计数。血涂片镜检的常见误区是立即认读和进行白细胞分类计数，而不观察红细胞和血小板。技术员进行血涂片镜检时，至少应判断红细胞（大小、形态、颜色、异常红细胞和血液寄生虫）、白细胞（大小、形态、异常白细胞和包涵体）和血小板（分布和评估数量），同时应判断其他异常发现。

（1）红细胞

在哺乳动物中，成熟的红细胞没有细胞核，大多数哺乳动物的红细胞呈双面凹陷的圆盘形，所以红细胞又被称为盘状细胞。由于这种双面凹陷的特殊形态使得红细胞在染色时有过渡平滑的中心性淡染，中央部位为生理性淡染区。在家畜中，犬的红细胞最大，且红细胞的双凹圆盘状结构以及生理性淡染区较为明显，其他家畜并不十分明显。除此之外，有一些动物的红细胞会呈现特殊形态。山羊的红细胞的表面凹陷要浅得多，在临床表现正常的一些山羊体内也会出现各种不规则形态的红细胞；驼科动物的红细胞较细长，呈椭圆状，所以又称为卵圆红细胞或卵形红细胞，它们没有双面凹陷的形状；鸟类、爬行类、两栖类动物的红细胞多数呈椭圆形，中心具有细胞核，并且直径要比哺乳类动物的红细胞大。

彩图：正常红细胞
与异常红细胞

① 正常红细胞形态

小而圆，呈两面双凹的圆盘形，没有细胞核，血涂片中最多，常被染成淡红色，细胞的边缘厚，中间薄，染色后细胞边缘的颜色比中间的深。犬正常的红细胞直径约为 $6.5\mu m$，大小均一，中央有苍白区；猫正常的红细胞直径约为 $5.8\mu m$，轻度大小不等，中央苍白区轻度，常可见缗钱样红细胞和豪焦小体；牛的红细胞通常显示无或少见的中央苍白区；马的红细胞通常没有中枢苍白区。犬、猫血涂片染色镜检如图 11-6、图 11-7 所示。

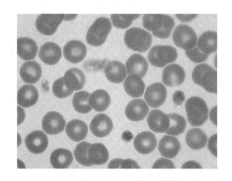

图 11-6　犬的血涂片染色镜检图（400×）

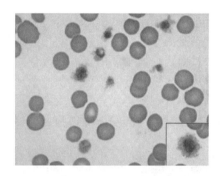

图 11-7　猫的血涂片染色镜检图（400×）

② 异常红细胞形态

缗钱样红细胞（图 11-8）

缗钱样红细胞指红细胞叠成钱串样。在健康的马、猫和猪的血涂片中会发现它们的红细胞呈钱串状排列。由炎性反应引起的纤维蛋白原和红细胞内血红蛋白含量的升高，及由淋巴组织增生性疾病引起的一种或多种免疫球蛋白分泌量增高均会造成红细胞呈钱串状排列。当钱串状红细胞出现于马、猫和猪以外的动物时就要引起注意，这是一种异常现象。

自体凝集（图 11-9）

当红细胞并不是像钱串状红细胞那样以链状排列，而是聚集或凝聚在一起时看起来像葡萄串，将其称为红细胞凝集。自体凝集与缗钱样红细胞区别的方法是将血液与生理盐水以 1：5 的比例稀释，缗钱样红细胞加入生理盐水后，蛋白质被释放，红细胞会散开，而自体凝集则不会。

多染性红细胞（图 11-10）

多染性红细胞即血涂片经 HE 染色后见到蓝红色红细胞，这种现象叫做多染性。细胞内的血红蛋白显红色，单核糖体和多核糖体显蓝色，这种多染性红细胞就是网织红细胞。一般认为猪和犬体内存在少量的多染性红细胞是正常的，猫也会有轻微的多染性，但通常不会在血涂片看到，其他动物如牛、羊和马很难找到多染性红细胞。多染性红细胞与网织红细胞出现的比例呈正相关。当网织红细胞的绝对数量开始增加时，可以判定贫血动物患有再生障碍性贫血，但马除外。

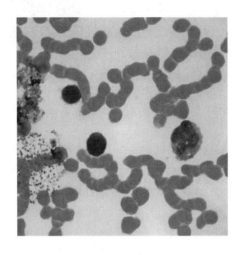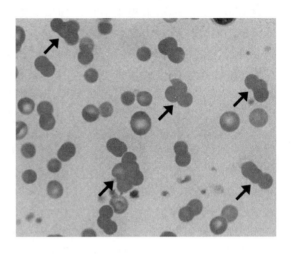

图 11-8　马的正常红细胞（缗钱样）　　　　图 11-9　自体凝集（犬的免疫介导性溶血）

红细胞大小不等（图 11-11）

红细胞大小不等是指患病动物红细胞的直径大小不一。牛的患病率要比其他家畜高。当机体缺铁时，血液中会出现一定数量的比正常红细胞小的红细胞，而当血液中网织红细胞数量增多时会出现部分红细胞体积增大现象。因此，可以说红细胞大小不等症是由于再生障碍性贫血和由红细胞生成异常造成的非再生障碍性贫血引起的。如果马患有严重的再生障碍性贫血，则在其体内会发生红细胞大小不等症，但不会看到多染性红细胞。

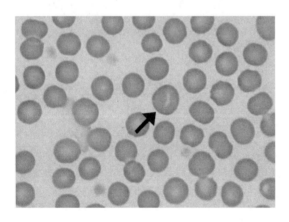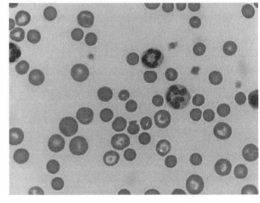

图 11-10　健康犬中少量的嗜铬细胞　　　图 11-11　红细胞大小不等（犬的再生障碍性贫血症）

大红细胞指红细胞体积比正常大。网织红细胞通常是大红细胞。大红细胞见于某些疾病，如贵宾犬大红细胞症、猫白血病感染、犬猫白血病前期、猫红细胞再生不良和巨型雪纳瑞维生素 B_2 缺乏。如果存在足够多的大红细胞，平均红细胞体积（MCV）将会升高。小红细胞指红细胞体积比正常小，见于铁缺乏和维生素 B 缺乏，伴有 MCV 降低。另外，小红细胞还见于门脉短路和低钠血症。对于一些亚洲犬种（如秋田犬、松狮犬、沙皮犬和日本柴犬），出现小红细胞可能是正常的。

低染性红细胞（图 11-12）

低染性红细胞指红细胞的中央苍白区增加，这与红细胞内血红蛋白不足有关。最常见于缺铁性贫血，也可见于铅中毒。

异形红细胞（图 11-13）

红细胞可以呈现出各种形状，一般将处于非正常形态的红细胞统称为异形红细胞。在临床表现正常的山羊和犊牛体内可以发现异形红细胞。

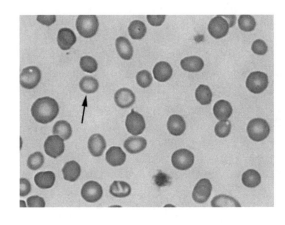

图 11-12　低染性红细胞（猫的贫血）

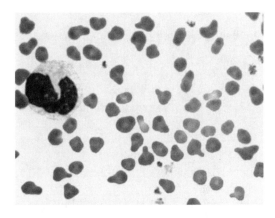

图 11-13　异形红细胞

球形红细胞（图 11-14）

在血涂片中，球形红细胞缺乏中央苍白区，细胞直径较正常红细胞小，但 MCV 正常。球形红细胞主要是由于细胞肿胀或细胞膜丧失而造成的，常见于犬的免疫介导性溶血性贫血、锌中毒，红细胞内寄生虫等也可引起球形红细胞轻度增加。

锯齿状红细胞（图 11-15）

又叫皱缩红细胞，锯齿状红细胞指在红细胞表面含有平均分布、大小相似的针状突起。血涂片中的锯齿状红细胞常为人为因素所致，如过多的 EDTA、不当的血涂片制备或采样至制作血涂片间隔时间过长。应与棘形红细胞相区别。另外，锯齿状红细胞也可见于红细胞脱水、pH 升高、低磷血症和细胞内钙增加时。在犬患有肾小球肾炎、肿瘤（淋巴瘤、血管肉瘤等）和使用多柔比星治疗时，也有较高的发生率。

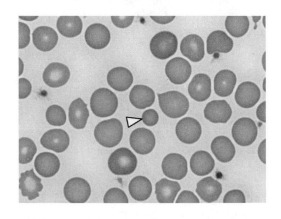
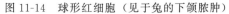

图 11-14　球形红细胞（见于兔的下颌脓肿）

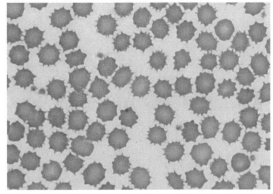

图 11-15　锯齿状红细胞（见于兔的急性肾衰）

棘形红细胞（图 11-16）

棘形红细胞指在红细胞表面含有不规则间距、大小不一的钝刺状突起。当红细胞内的胆固醇多于磷脂质时便可能形成。患有肝病的动物，血液中可能会出现棘形红细胞，这可能与血浆内脂质组成改变有关。在患血管瘤、DIC和肾小球肾炎的犬中，也会出现棘形红细胞。

角膜红细胞（图11-17）

红细胞内含有一个或一个以上完整或破裂的囊，称为角膜红细胞。这些未染色的区域其实是圆形、密闭的细胞膜，而并非真正的囊。角膜红细胞易见于EDTA抗凝的猫血中。

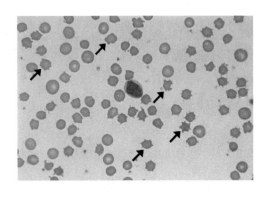

图11-16 棘形红细胞（兔的高胆固醇症）

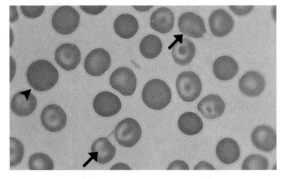

图11-17 角膜红细胞（犬DIC）

口形红细胞（图11-18）

在血涂片中可见呈杯形，具有椭圆或细长中央苍白区域的红细胞即口形红细胞。口形红细胞多见于人为涂抹过厚的血涂片上。口形红细胞增多可见于遗传性疾病，如阿拉斯加犬的遗传性口形红细胞增多症。

裂片红细胞（图11-19）

裂片红细胞呈现为不规则的碎片状，通常大小不一。它们可能是三角形、盔形或其他不规则形状，与正常双凹圆盘状的红细胞有明显区别。

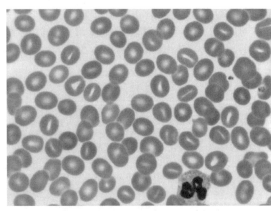

图11-18 口形红细胞

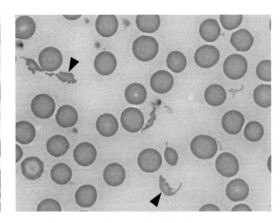

图11-19 裂片红细胞（兔牙脓肿）

泪红细胞（图11-20）

泪红细胞形态呈泪滴状，一端细长、另一端钝性。血涂片制备不当可造成与泪红细胞形态类似的细胞形态，但其末端比较尖锐，且细胞尾部的指向一致。偶见于骨髓疾病，如骨髓纤维化和肿瘤，在患有肾小球肾炎或脾肿大的犬血液中也可能见到。

偏心红细胞（图11-21）

偏心红细胞是红细胞的血红蛋白聚集于红细胞的一侧，使细胞的其他部分呈水泡样外观。偏心红细胞常见于摄取到氧化剂的动物血液。例如采食了洋葱或大蒜的犬。

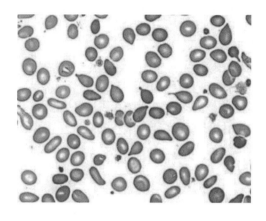

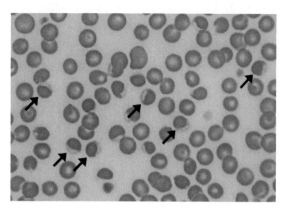

图 11-20　泪红细胞（犬的脾肿大症）　　　　图 11-21　偏心红细胞（犬的洋葱中毒）

薄红细胞（图 11-22）

薄红细胞薄且扁，具有低染性。薄红细胞可见于缺铁性贫血，偶尔也可见于肝功能不足所造成的细胞膜磷脂和胆固醇聚集时。当红细胞膜与血红蛋白含量的比率升高时，可见到靶形的红细胞，即为靶形红细胞（又称密码细胞）。一些靶形红细胞和大多数低色素性红细胞是薄红细胞，但并不是所有的薄红细胞都是靶形红细胞和低色素性红细胞。正常犬的血液里也可见到少量的靶形红细胞。靶形红细胞增多常见于再生性贫血，排除此因素，则可见于低色素性贫血（如铁缺乏）和当红细胞细胞膜过量时（如肝、肾脂代谢紊乱时）。薄红细胞镜检如图 11-22 所示。

有核红细胞（图 11-23）

晚幼红细胞和中幼红细胞很少出现在健康成年哺乳动物的血液中，这些细胞通常在再生性贫血动物的血液中出现，但是在一些健康犬猫的体内可以发现少量的有核红细胞。铅中毒的动物体内，可以看到有核红细胞，几乎不溶血；机体骨髓被破坏情况下，例如败血症、内毒素性休克和使用药物时，也可以看到有核红细胞。在一些情况下，犬体内可以看到少量的有核红细胞，例如心血管疾病、创伤、肾上腺皮质功能亢进和各种炎症。

有核红细胞在自动血细胞分析仪计数时包含在白细胞总数内，因此，在进行白细胞分类计数时，应将有核红细胞单独计数，从而计算校正白细胞数：校正白细胞数＝测定白细胞数×100/（100＋有核红细胞数）。有核红细胞镜检如图 11-23 所示。

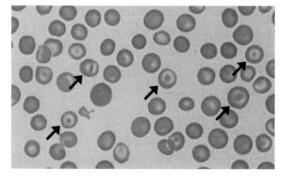

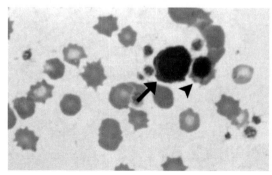

图 11-22　薄红细胞　　　　　　　图 11-23　有核红细胞（猪的缺铁性贫血）

豪焦小体（图 11-24）

　　豪焦（Howell-Jolly）小体是红细胞内嗜碱性的核残余，多见于再生性贫血或脾切除术后。当动物使用糖皮质药物治疗后，可能会增多。

海因茨小体（图 11-25）

　　海因茨小体是由一些可造成氧化损伤的药物或化学物质造成的血红蛋白变性而产生的圆形小体，由于海因茨小体来源于血红蛋白，其染色可能与细胞质相同，不易区分。新亚甲蓝染色时，海因茨小体呈深色嗜碱性颗粒状。经过毛细血管时，海因茨小体会改变细胞膜并降低红细胞的变形性，故会引起血管内溶血。海因茨小体本身也可被脾巨噬细胞吞噬。猫红细胞易出现海因茨小体，另外，猫脾清除海因茨小体的功能也较差。与其他动物不同，猫正常血液中的海因茨小体可达 5％，另外，当猫患淋巴肉瘤、甲状腺功能亢进和糖尿病时，海因茨小体也会增多。

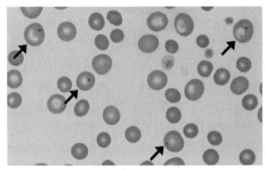

图 11-24　豪焦小体

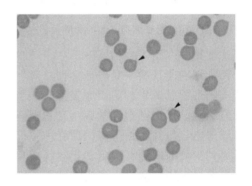

图 11-25　海因茨小体

犬瘟热包涵体（图 11-26）

　　犬瘟热包涵体见于一些犬的红细胞，呈不规则至圆形或环形外观，瑞氏染色呈蓝色，也可见于白细胞。

寄生虫（图 11-27、图 11-28）

　　红细胞寄生虫分为 3 种：细胞内寄生虫、细胞表面寄生虫和细胞外寄生虫。细胞内寄生虫有焦虫属寄生虫，如犬巴贝斯焦虫和吉氏巴贝斯焦虫，细胞表面寄生虫包括血巴尔通体等；细胞外寄生虫常见心丝虫和锥虫。

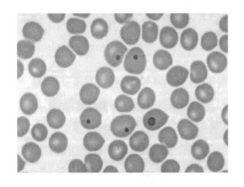

图 11-26　犬瘟热包涵体

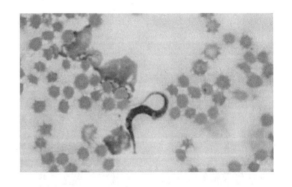

图 11-27　细胞外寄生虫（牛锥虫）

（2）白细胞（WBC）

　　分为有粒白细胞和无粒白细胞，有粒白细胞包括嗜酸性粒细胞、嗜碱性粒细胞和嗜中性粒细胞；无粒白细胞包括淋巴细胞和单核细胞。如图 11-29、图 11-30 所示。

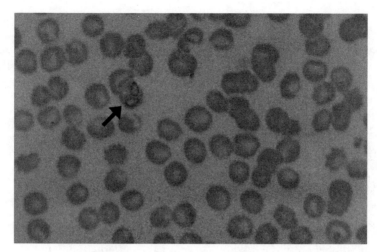

图 11-28　细胞内寄生虫（犬巴贝斯虫）

① 嗜中性粒细胞：在有粒白细胞中，它的数量最多，很容易找到。细胞质染成淡红色，胞质内含有细小的颗粒，一般不易看清，细胞核为蓝紫色，核分杆状、蹄形和分叶形。正常嗜中性粒细胞的直径为 12～15μm，分叶嗜中性粒细胞的细胞核一般分为 2～4 个叶，而杆状嗜中性粒细胞的细胞核则呈 U 形。牛的中性粒细胞核具有明显的节段，细胞质呈浅粉红色的颗粒。

② 嗜酸性粒细胞：数量较少，但在血涂片中可以找到。细胞质中存在粗大的嗜酸性颗粒，胞质常被染成红色或玫瑰花色颗粒，细胞核分叶形，染成紫红色。正常嗜酸性粒细胞的直径为 12～20μm，其形态上在动物种属间差异大，如猫嗜酸性粒细胞与犬的不同之处在于细胞质内所含的颗粒为棒状。马的有较大的明亮的嗜酸性粒细胞颗粒。

③ 嗜碱性粒细胞：正常嗜碱性粒细胞的直径为 12～20μm，细胞核分叶，数量最少，在血涂片中很难找到。犬与猫嗜碱性粒细胞的区别在于细胞质，犬的细胞质呈嗜碱性染色，含有少量散在的深色颗粒，某些细胞颗粒可能非常稀少，甚至完全没有，而猫的细胞质内则含大量圆形、深紫色小颗粒。牛和马的嗜碱性粒细胞（图 11-31 和图 11-32）核通常被大部分被紫色颗粒遮盖。

④ 淋巴细胞：正常淋巴细胞的直径为 9～12μm，在白细胞中数目是最多的，大小不等，可分为大淋巴细胞和小淋巴细胞。大淋巴细胞较少，占小淋巴细胞的 1/4～1/18。细胞核呈圆形、偏于一侧，呈深蓝色。细胞质所占的比例较小，细胞质缺乏边缘，呈淡蓝色，一些淋巴细胞的细胞质还可能出现多个小的粉紫色颗粒，有时会出现空泡。牛的淋巴细胞大小不一，以小淋巴细胞为主。

⑤ 单核细胞：正常单核细胞的直径为 15～20 μm，数目不多，是血细胞中最大的细胞。核为肾形或马蹄形，颜色比淋巴细胞淡，细胞质为淡灰蓝色。形状不规则，花边状网状染色质，细胞质较多，呈灰色或蓝灰色，可能含有空泡。如图 11-29～图 11-32 所示。

（3）血小板（图 11-33）

为不规则的细胞质小块或碎片，形状像雪花，呈细小的蓝紫色颗粒。血小板常聚集在红细胞之间，在观察过程中要注意染料、细胞碎片与及血小板等的区别。马的血小板呈微弱的浅灰色，其数量约 10 万个/μL，低于其他家畜。

彩图：染色
白细胞及血小板

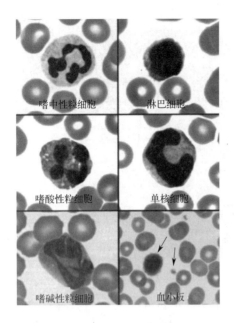

图 11-29　犬的白细胞及血小板染色（1000×）

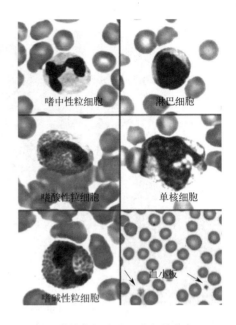

图 11-30　猫的白细胞及血小板染色（1000×）

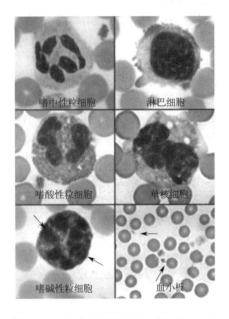

图 11-31　牛的白细胞及血小板（1000×）

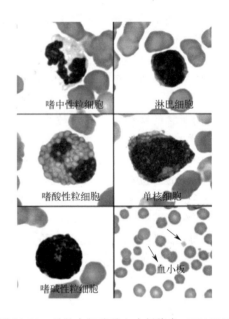

图 11-32　马的白细胞及血小板染色（1000×）

 测试与拓展

一、选择题

1. 关于白细胞核左移的叙述，（　　）项较为确切。

A. 粒细胞杆状核以上阶段的细胞增多称核左移

B. 外周血涂片中出现幼稚细胞称左移

C. 未成熟的粒细胞出现在外周血中称核左移

D. 分类中发现许多细胞核偏于左侧的粒细胞称核左移

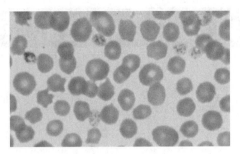

图 11-33　牛的血小板

彩图：牛的血小板

E. 分叶状核的粒细胞增多

2. 下列结果哪项**不符合**典型的严重感染患者（　　）。

A. 白细胞总数增加　　　　　B. 中性细胞核左移　　　　　C. 淋巴细胞相对减少

D. 嗜酸性粒细胞轻度增加　　E. 显著的核左移

3. 瑞氏染色时，嗜碱性粒细胞胞浆颗粒染成（　　）。

A. 粉红色　　　　B. 红色　　　　C. 蓝黑色　　　　D. 绿色　　　　E. 紫色

4. 嗜中性粒细胞增加多见于（　　）。

A. 病毒感染　　B. 细菌感染　　C. 寄生虫感染　　D. 变态反应　　E. 药物作用

5. 下列情况可致红细胞减少，（　　）除外。

A. 妊娠后期　　　　B. 慢性肺炎　　　　C. 出血性贫血　　　　D. 再生障碍性贫血

6. 血液循环中的白细胞**不包括**（　　）。

A. 嗜酸性粒细胞　　B. 嗜碱性粒细胞　　C. 嗜中性粒细胞　　　D. 骨髓细胞

7. 发生寄生虫疾病时，血液中白细胞变化正确的是（　　）。

A. 嗜酸性粒细胞增多　　　　　　　B. 嗜碱性粒细胞增多

C. 嗜中性粒细胞增多　　　　　　　D. 单核细胞增多

8. 淋巴细胞生理性增多，见于（　　）。

A. 兴奋　　　　　B. 运动后　　　　　C. 应激　　　　　D. 单核细胞增多

9. 中性粒细胞增多最常见的原因是（　　）。

A. 组织广泛损伤　　B. 剧烈运动　　C. 急性中毒　　D. 急性感染

10. 下列说法**错误**的是（　　）。

A. 再生性核左移：杆状核粒细胞增多，同时白细胞总数也增多

B. 轻度核左移：仅杆状核粒细胞大于 6％

C. 中度核左移：杆状核粒细胞大于 10％，并出现晚幼粒细胞

D. 退行性核左移：分叶核粒细胞增多

二、简答题

1. 哪些疾病能导致红细胞压积增高，其原理是什么？

2. 血红蛋白测定的原理及临床意义有哪些？

3. 简述细胞计数板的构造及红细胞计数时的注意事项。

4. 白细胞计数和红细胞计数在操作方法上有何区别？

5. 白细胞的种类及白细胞计数的临床意义有哪些？

6. 怎样用血液自动分析仪进行血常规检查？

7. 异常白细胞有哪些？异常白细胞检查的临床意义是什么？

第十二章　血液生化和电解质检查

 学习目标

知识目标

1. 掌握血液生化检查的方法及主要内容。
2. 掌握血液生化指标的异常变化。
3. 掌握血清电解质的检查内容及异常变化。
4. 掌握电解质分析仪的操作方法。

能力目标

1. 能独立完成动物肝脏功能的检查。
2. 学会解读肝功能指标的异常变化。
3. 能独立完成动物肾脏功能的检查。
4. 学会解读肾功能指标的异常变化。
5. 可以独自操作完成血清电解质的检查。
6. 能够解读血清电解质检查结果的临床意义。

素质目标

1. 在仪器使用过程中要严格按照说明书的操作规则进行，不可随意操作，树立规则意识。
2. 对待疾病的检测要制定合理的检测方案，认真研读、判别实验结果，具备对待工作认真负责的态度。
3. 认真践行动物防疫法规，发现传染病要及时上报有关部门，践行执业兽医职业道德行为规范。
4. 培养学生实验室安全意识，遵守实验室行为准则。

第一节　血液生化检查

一、仪器操作

（1）生化检验用的血液标本　可来自静脉，采血前要核对动物名、年龄、性别、编号及检验项目等，按测试项目要求，准备好相应的容器（试管），标本经过温浴离心等处理，分离出上层血清。

（2）仪器的早保养　测试前先对仪器执行清洗等保养。

（3）动物检测信息的录入　接入 LIS 系统可以通过条码扫描方式载入。

（4）标本检测　按照仪器要求准备试剂、标本、质控、标准，检测。

（5）打印报告　仪器软件可以根据要求编辑打印报告格式。各个动物血液生化检测项目结果的参考范围会不同，应根据种类设置选择，仪器会提供动物部分参考值。

二、血液生化结果解读

（一）肝功能指标

1. 血清总蛋白和白蛋白浓度增高（高蛋白血症）

（1）血清总蛋白浓度（TP）增加

机体严重脱水、血液浓缩可引起血清总蛋白浓度升高，但并非绝对量升高，此时红细胞压积容量（比容 PCV）亦增高，且白蛋白/球蛋白比值（A/G）正常。

（2）白蛋白浓度增高

单纯白蛋白浓度升高很少发生。

（3）球蛋白浓度增加

① α-球蛋白：其中包括肝球蛋白、α_2-巨球蛋白、α_1-抗胰蛋白酶等，常在组织损伤或炎症急性期升高。

② β-球蛋白：包括运铁蛋白、β-脂蛋白、补体-3 及部分免疫球蛋白，活动性肝脏疾病及圆线虫病时，可见此部分升高。

③ γ-球蛋白：常是球蛋白升高的主要部分，见于慢性炎性疾病、免疫性疾病、淋巴瘤、骨髓瘤、多克隆和单克隆 γ-球蛋白病及肝硬化等，免疫接种后也出现 γ-球蛋白升高。

肝胆疾病时出现 γ-球蛋白增高，可能是由于：肝内炎症反应，特别是慢性炎症反应，组织病理学发现浆细胞浸润；自身免疫反应，自身抗体形成过多；从肠道内吸收过多的抗原（如细菌抗原），刺激 B 淋巴细胞，形成过多抗体；血浆白蛋白降低，γ-球蛋白相对量增加，在慢性活动性肝炎和失代偿性肝炎后硬化时，γ-球蛋白增高最为显著。在急性肝炎时，γ-球蛋白正常或暂时性轻度增高，若持续增高，提示向慢性化发展。

2. 血清蛋白浓度降低（低蛋白血症）

（1）血浆中水分增加

血浆被稀释，如静脉注射过多低渗溶液或各种原因引起的水钠潴留。

（2）白蛋白浓度降低

往往出现白蛋白/球蛋白比值变小。

① 营养不良和消耗增加，饲料中蛋白质含量长期不足或慢性肠道疾病所引起的吸收不良，使体内缺乏合成蛋白质的原料，或因长期患消耗性疾病，主要引起白蛋白降低。

② 合成障碍：慢性肝脏疾病、肝脏功能严重损害时，蛋白质合成减少，尤以白蛋白的下降最为显著。

③ 蛋白质丢失，大量血浆渗出，大出血、严重烧伤、肾病综合征时，白蛋白浓度降低。

④ 妊娠，特别妊娠晚期，由于机体对蛋白质的需要量增加，同时又有血浆容量增加，血清白蛋白可明显下降，但分娩后又迅速恢复正常。

（3）球蛋白浓度降低

幼畜喂初乳不足或未喂初乳可出现 γ-球蛋白浓度极低。肾上腺皮质激素和其他免疫抑制剂有抑制免疫机能的作用，会导致球蛋白的合成减少。也可见于一些免疫缺陷性疾病（感染后难以控制）。其他免疫球蛋白缺乏为特征的疾病还有 γ-球蛋白缺乏症、选择性 IgM 缺乏症和暂时性低 γ-球蛋白血症。

3. 血清总胆红素和结合胆红素

胆红素测定对区别黄疸的类型有重要意义。

① 溶血性黄疸：血清中游离胆红素增加，因而血清总胆红素增高，但结合胆红素不

增高。

② 阻塞性黄疸：总胆红素和结合胆红素均增高，而且常出现结合胆红素与总胆红素的比值大于 50％。

③ 肝细胞性黄疸：总胆红素和结合胆红素均增高。

4. 丙氨酸氨基转移酶（ALT）和天冬氨酸氨基转移酶（AST）

在机体各组织中，肝细胞内 ALT 含量较高，当肝脏受损及膜渗透性增加时，此酶释放入血液使血清酶活性升高，因而血清 ALT 增高往往作为肝炎诊断的重要指标。但是，不同种类动物间有所差异。研究表明，仅犬、猫和人肝实质细胞中含有较高的 ALT，而成年马、牛、绵羊和猪肝脏中 ALT 并不很高，这些种类动物肝坏死时血清 ALT 仅呈极轻度升高，所以 ALT 只是小动物及灵长类动物肝脏特异性酶。

通常情况下，犬、猫及灵长类急性肝炎时血清 ALT 总是升高，说明肝坏死正在进行，若 ALT 正常，表明不存在急性肝细胞病变。若几天内连续测定 ALT 呈一尖峰变化，可能为药物或毒物中毒性肝炎，为肝脏受药物或毒物的急性作用出现突然短暂的坏死过程。此外，脂肪肝、胆管炎、胆囊炎等也出现 ALT 升高。在马、牛、猪、犬和鸡等动物，几乎所有被测组织中都含有较高的谷草转氨酶（AST）活性，以骨骼肌、心肌、肝实质细胞中含量为最，血清中 AST 主要来源于这些组织。因此 AST 并不是肝脏特异性酶。但对大家畜，在肝外疾病已排除的情况下，AST 的测定则有助于肝脏坏死程度的评价，利于预后判断，也就是说 AST 尽管不是肝脏特异性的，但仍是比较灵敏的指标（因为在大家畜 ALT 不灵敏）。血清 AST 升高可见于：乳牛产后瘫痪，黄曲霉毒素、四氯化碳中毒，肌肉营养不良，白肌病，肝外胆管阻塞，片形吸虫病，高脂血症等。

5. 血清碱性磷酸酶（ALP）

血清中 ALP 主要来自肝胆、骨骼和牙齿，因而 ALP 测定常用作肝胆和骨骼疾病临床辅助诊断的指标。幼年动物血清 ALP 活性较成年动物高，这与幼畜活跃的成骨细胞有关。分析临床意义时必须考虑动物的年龄因素。

病理状态下，引起骨骼代谢障碍的一些疾病，都会出现 ALP 升高，如佝偻病、骨软症、纤维性骨炎、骨损伤及骨折修复愈合期等。胆管上皮细胞中含有极高的 ALP，因而肝脏阻塞性黄疸时，ALP 明显升高，肝实质损害时往往由于胆管的不同程度受损，胆汁淤积或肝脏恢复过程中胆道纤维化作用，ALP 也会升高，且在后期阶段可能比 ALT 更为明显。

6. 血清 γ-L-谷氨酰基转移酶（GGT）

体内许多器官中均含有 GGT，但以肾小管细胞、肝细胞及胆管上皮细胞中含量最高。健康或患病时，血清 GGT 都主要来源于肝脏。肾脏疾病时血清 GGT 并不明显增高，是因为肾单位病变时 GGT 经尿排出。GGT 主要用于肝胆疾病的诊断，牛、马、绵羊、猪胆汁郁滞，肝片吸虫病，急性肝坏死均出现 GGT 升高。试验表明，给山羊灌服四氯化碳，2 天后 GGT 比试验前升高了 4 倍。原发性或继发性肝癌时，血清 GGT 显著升高，多种血清酶测定比较试验发现，CGT 的阳性率最高。

（二）肾功能指标

1. 血清肌酐（Cr）

（1）血肌酐增高

见于各种原因引起的肾小球滤过功能减退：①急性肾衰竭，血肌酐明显地进行性升高，为器质性损害的指标，可伴少尿或无尿；②慢性肾衰竭，血肌酐升高程度与病变严重性一致，肾衰竭代偿期，血肌酐<178μmol/L；肾衰竭失代偿期，血肌酐>178μmol/L；肾衰竭期，血肌酐明显升高，血肌酐>445μmol/L。

（2）鉴别肾前性和肾实质性少尿

①器质性肾衰竭时血肌酐常超过200μmol/L；②肾前性少尿如心力衰竭、脱水、肝肾综合征、肾病综合征等所致的有效血容量下降，使肾血流量减少，血肌酐浓度上升多不超过200μmol/L。

（3）血尿素氮与肌酐比值（BUN/Cr）的意义

在肾功能正常的情况下，BUN/Cr比值（单位为mg/dL）相对稳定，一般在（10～20）：1之间（不同检测方法和检测环境可能略有差异）。这一比值反映了肾脏对尿素氮和肌酐的正常排泄和代谢平衡。当肾脏功能受损，如在急性肾损伤（AKI）或慢性肾功能衰竭（CRF）早期，BUN/Cr比值可能发生改变。如果比值升高，提示可能存在肾前性因素导致的氮质血症。例如，在脱水、失血等引起有效循环血量减少的情况下，肾脏灌注不足，肾小管对尿素氮的重吸收增加，而肌酐的排泄受影响相对较小，从而使BUN/Cr比值升高，可能达到（20～30）：1甚至更高。

2. 血尿素氮（BUN）

尿素是体内氨基酸代谢的最终产物之一。氨基酸经脱氨基作用先生成氨。氨对机体具有毒性，在肝脏经鸟氨酸循环生成尿素，尿素通过血液循环至肾脏，由尿液排出体外。血液及尿中尿素测定是肾功能试验的重要项目之一。血液尿素增高最常见为肾脏因素，可分为三方面。

（1）肾前性

最重要的原因是失水，引起血液浓缩，肾血流量减少，肾小球滤过率降低，使血尿素潴留。此时BUN升高，但肌酐升高不明显，BUN/Cr>10：1，称为肾前性氮质血症。经扩容后尿量多能增加，BUN可自行下降。

（2）肾性

急性肾衰竭肾功能轻度受损时，尿素氮可无变化，但肾小球滤过率（GFR）下降至50%以下，BUN才见升高。因此血BUN测定不能作为早期肾功能指标。但对慢性肾衰竭，尤其是尿毒症时BUN增高的程度一般与病情严重性一致。

（3）肾后性

因尿道狭窄，尿路结石，膀胱肿瘤等致使尿道受压的原因。

此外，蛋白质分解或摄入过多，如急性传染病、高热、上消化道大出血、大面积烧伤、严重创伤、大手术后和甲状腺功能亢进、高蛋白饮食等，也出现BUN升高，但血肌酐一般不升高。血尿素降低较为少见，常表示严重的肝病，广泛性肝坏死。

（三）心脏和肌肉损伤指标

1. 血清肌酸激酶

肌酸激酶（CK）主要存在于骨骼肌和心肌中，在脑组织中也含有。进一步分析表明，CK是一组具有三种同工酶的二聚体酶，CK1（CK-BB）存在于脑、外周神经、脑脊液及肠等内；CK2（CK-MB）主要存在于心肌，骨骼肌内也有少量；CK3（CK-MM）存在于骨骼肌和心肌中，肌肉损伤、各种类型肌萎缩时，血清CK活性均可增高，损伤后6～12h，即可达到最高，病毒性心肌炎、急性心肌梗死时CK也明显升高，且较AST、乳酸脱氢酶（LDH）特异性高。

血浆CK半衰期较短，若不存在持续性损伤，通常2～4d就可恢复正常，而AST对肌肉损伤的反应较慢，但升高后持续的时间稍长，因而对诊断及预后各具价值。

牛、羊维生素 E 和硒缺乏所引起的肌肉营养性疾病，母牛不能起立综合征、马麻痹性肌红蛋白尿症等血清 CK 均可见增高。此外，动物剧烈运动、手术，肌肉注射冬眠灵和抗菌素等也能引起 CK 活性升高。

2. 血清乳酸脱氢酶（LDH）

LDH 广泛存在于体内各组织中，其中以心肌、骨骼肌、肾脏、肝脏、红细胞等组织中含量较高，组织中酶活力比血清高约 1000 倍，所以即使少量组织坏死释放的酶也能使血清中 LDH 升高，常见于：心肌损伤、骨骼肌变性、损伤及营养不良、维生素 E 及硒缺乏、肝脏疾病、恶性肿瘤、溶血性疾病、肾脏疾病等。LDH 有多种同工酶，其生物特性相同。但在电泳行为方面都各有特性，借此可进行分离。目前已被证实血清有五种乳酸脱氢酶同工酶，每一种同工酶系由一种或两种不同的亚单体构成的四聚体。

正常人血清内含 LDH1 最多，其次是 LDH2、LDH3，LDH4 及 LDH5 含量很少。LDH1 和 LDH2 主要来自心肌、红细胞、白细胞及肾脏等；LDH4 和 LDH5 主要来自肝脏及骨骼肌等；LDH3 主要存在于肝脏、脾脏、胰腺、甲状腺、肾上腺及淋巴结等。

① 急性心肌梗死时血清 LDH1 及 LDH2 均增加，且 LDH2/LDH1 比值低于 1。

② 急性肝炎早期 LDH5 升高，且常在黄疸出现之前已开始升高；慢性肝炎可持续升高；肝硬化、肝癌、骨骼肌损伤、手术后等 LDH5 亦可升高。

③ 阻塞性黄疸时 LDH4 与 LDH5 均升高，但以 LDH4 升高较多见。

④ 心肌炎、溶血性贫血等 LDH1 可升高。

（四）其他脏器指标

血清淀粉酶（AMS）

胰腺疾病时 AMS 呈现升高，急性胰腺炎一般于发病后 6～12h 血清 AMS 开始升高，持续 3～5d 后恢复正常；尿液 AMS 于发病后 12～24h 开始升高，持续 3～10d 恢复正常。慢性胰腺炎急性发作、胰腺癌、胰腺囊肿、胰管阻塞等也见 AMS 升高。

测试与拓展

一、选择题

1. 对于犬猫肝损伤的病例，进行血液生化检验选择的特异性酶是（　　）。

A. 天门冬氨基转移酶　　　　B. 丙氨酸氨基转移酶　　　　C. 碱性磷酸酶

D. 肌酸激酶　　　　　　　　E. 乳酸脱氢酶

2. 血清转氨酶升高是（　　）。

A. 肝病　　　B. 肾病　　　D. 胃病　　　C. 心脏病　　　E. 肺病

3. 黄疸的生化检验指标是（　　）。

A. 总胆红素　　　　　　　　B. 血清白蛋白　　　　　　　C. 碱性磷酸酶

D. 谷氨酸氨基转移酶　　　　E. 天门冬氨酸氨基转移酶

4. 肝细胞炎症临床可出现（　　）。

A. 溶血性黄疸　　　　　　　B. 阻塞性黄疸　　　　　　　C. 实质性黄疸

D. 败血症　　　　　　　　　E. 以上都是

5. 总胆红素增高，间接胆红素增高的检测，说明（　　）。

A. 正常情况　　　　　　　　B. 阻塞性黄疸　　　　　　　C. 实质性黄疸

D. 溶血性黄疸　　　　　　E. 以上都不是

二、简答题

1. 黄疸指数测定的原理是什么？

2. 简述黄疸指数测定的操作方法和结果判定方法。

3. 血清胆红素定性试验的原理是什么？

4. 简述定量检测血清胆红素的临床意义。

5. 简述测定血清蛋白质的操作方法。

6. 测定血清谷丙转氨酶活力（金氏直接显色法）的原理是什么？有何临床意义？

7. 简述测定血清谷草转氨酶活力（金氏直接显色法）的操作方法？有何临床意义？

第二节　血清电解质检查

一、血清电解质检测的应用

血清电解质检测能及时准确地反映机体各种离子水平，客观评价患病动物内环境的状况，同时也可用于诊断疾病和监测动物对治疗的反应。对于危重病例的诊断、治疗和预后的判断有重要作用。随着动物医疗水平的发展，血清电解质的检测已成为日常诊疗的基本手段。

1. 电解质的生理功能

动物的新陈代谢是在体液环境中进行的。体液是由水和溶解于其中的电解质、低分子有机化合物以及蛋白质等组成，广泛分布于组织细胞内外，构成了动物的内环境。其中，绝大多数电解质以游离的状态存在。机体的各种生命活动都离不开电解质的参与，而且即使有时发生轻微的异常，也可能造成生理功能的紊乱，所以电解质对于机体生命活动的维持具有极为重要的作用。总的来说，电解质的生理功能可分为以下三个部分：①维持体液的渗透平衡和酸碱平衡；②维持神经、肌肉、心肌细胞的静息电位，并参与其动作电位的形成；③参与新陈代谢和生理功能活动。

2. 机体电解质的组成

体液可分为细胞内液和细胞外液，二者电解质成分有很大的差异。细胞外液的组织间液和血浆的电解质在成分和数量上大致相等，在功能上也类似。阳离子主要是 Na^+，其次是 K^+、Ca^{2+}、Mg^{2+} 等；阴离子主要是 Cl^-，其次是 HCO_3^-、HPO_4^{2-}、SO_4^{2-} 及有机酸和蛋白质，两者的主要区别在于血浆含有较高的蛋白质，而组织间液蛋白浓度较低。

细胞内液中，K^+ 是重要的阳离子，其次是 Na^+、Ca^{2+}、Mg^{2+}；阴离子主要是 HPO_4^{2-} 和蛋白质，其次是 HCO_3^-、Cl^-、SO_4^{2-} 等。各部分体液所含阴、阳离子数的总和是相等的，并保持电中性。如果以总渗透压计算，细胞内外液也是基本相等的。

3. 电解质紊乱对机体组织的影响

疾病和外界环境的剧烈变化常会引起水、电解质平衡紊乱，从而导致体液的容量、分布、电解质浓度和渗透压的变化。这些紊乱得不到及时纠正，常会引起严重后果，甚至危及生命，故水和电解质问题在临床上具有十分重要的意义，纠正水和电解质紊乱的输液疗法是临床上经常使用和极为重要的治疗手段。

4. 血清电解质检测在临床诊疗中的作用

电解质检测在疾病诊断和治疗中的作用主要有以下几个方面：①提供潜在疾病的诊断方

向，为确诊提供更多的信息。例如，低钙高磷时考虑是否肾脏功能出现了紊乱，低钠高钾以及钠钾比值降低考虑是否出现了肾上腺疾病；②早期认识存在的并发症。例如，呕吐存在时考虑是否出现了低氯血症和碳酸氢钠浓度升高；③提供治疗的方向以纠正某些临床症状。例如，低钾血症时多出现肌肉无力，尤其是猫，此时应纠正钾离子缺乏；④检测治疗可能出现的并发症。例如，机体存在严重低钠血症或高钠血症时纠正速率要慢，避免恢复过快出现脑瘫或脑水肿而引起神经症状。

尽管血清电解质浓度受摄入食物或液体、各组织间液的转移、细胞内外间的转移和酸碱平衡等方面的影响，但总体上来说血清电解质浓度基本能反映机体电解质含量的情况。所以，采取液体治疗前进行血清电解质浓度检测可使我们对动物整体电解质浓度作以评估，根据检测结果选择所要补充液体的类型（如低氯血症存在时补充含氯离子浓度较高的生理盐水或林格液）、补液的途径（电解质出现严重紊乱时采用静脉输注）、纠正的速率（存在严重高钠血症时，钠离子纠正速率要慢，避免出现脑水肿）和液体治疗停止的时机（电解质紊乱纠正后机体能代偿一部分功能紊乱，如此一些较轻的症状可能自行恢复）。

二、电解质分析仪操作

电解质分析仪是采用离子选择性电极（ISE）测量体液中离子浓度的仪器。按自动化程度分为半自动电解质分析仪和全自动电解质分析仪；按工作方式分为湿式电解质分析仪和干式电解质分析仪。可进行单独的电解质分析，主要分析血清、血浆、全血和稀释尿液标本中的钾、钠、氯、钙、磷等离子指标。电解质分析仪操作简便，以干式电解质分析仪为例，测试血浆中的氯、钾、钠等只需要四步。如图 12-1 所示。

① 开机：将电解质分析仪接通电源，有内置电池的只需按下开机键。

② 上样：将测试干芯片放到仪器的测试平台上，注意每测一个项目需要用一个干片，每个干片上带有条形识别码，仪器将自动识别所进行的测定项目。测定时，用双孔移液管取 $10\mu l$ 血清和 $10\mu l$ 参比液滴入两个加样孔内，即可测定二者的差示电位。

③ 测试：将测试干片推入测试口中，按测试键测定。

④ 结果：机器测试完干片后，自动打印测试结果。

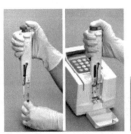

图 12-1   电解质分析仪

三、血清离子变化的临床意义

1. 血清钠

（1）生理功能

动物机体内的钠离子主要从日粮和饮水中摄取。钠离子是细胞外液中最主要的阳离子，总钠的 50％左右存在于细胞外液，仅 10％左右存在于细胞内液。钠的主要功能在于保护细胞外液的容量、维持渗透压及酸碱平衡，并具有维持肌肉、神经正常应激性的作用。摄入的钠几乎全部由小肠吸收，机体 95% 的钠盐在肾素—血管紧张素—醛固酮系统的调控下经肾脏排出体外。

（2）临床意义

① 升高：血钠升高见于呕吐、过度喘气、猪的食盐中毒、库欣综合征、尿崩症、过量利用利尿剂、肾小管浓缩功能不全、发热性疾病、大量出汗及甲状腺功能亢进等。

② 降低：血钠降低见于严重腹泻、使用利尿剂、慢性肾衰竭、糖尿病的酮酸中毒、长期的高脂血症、肠阻塞、代谢性酸中毒、血清蛋白水平升高、犬肾上腺皮质机能降低等。

2. 血清钾

（1）生理功能

钾离子是细胞内的主要阳离子，对维持细胞内容量和调节细胞内外的渗透压及酸碱平衡起着重要作用。体内 95% 以上的钾贮存于细胞内，仅 2%～5% 的钾存在于细胞外液中。

（2）临床意义

① 升高：高钾血症见于输入含钾溶液过快或浓度过高、输入贮存过久的血液或大量使用青霉素钾盐、急性肾功能衰竭早期、慢性肾功能衰竭的末期、有效循环血容量减少（如脱水、失血、休克）、醛固酮或肾素分泌减少、肾上腺皮质机能减退、输尿管阻塞、输尿管和膀胱破裂、长期或过量使用排钠保钾的利尿药（如氨苯蝶啶）等。

② 降低：低钾血症常见于腹泻、长期输液用葡萄糖盐或等渗盐、犬猫发生吞咽障碍或长期禁食、长期胃肠引流、或重役、剧烈运动等引起大量出汗的疾病、反刍动物患顽固性前胃弛缓、瘤胃积食、真胃阻塞等疾病、醛固酮分泌增加（如慢性心力衰竭、肝硬化、腹水等）、肾上腺皮质激素分泌增多（如应激）、长期应用糖皮质激素、长期使用利尿药（速尿）、渗透性利尿剂（如高渗葡萄糖溶液）、碱中毒和某些肾脏疾病（如急性肾小球坏死的恢复期）等。

3. 血清氯

机体内的氯化物主要从日粮和饮水中摄入，氯离子是细胞外液中的主要阴离子，细胞内含量仅为细胞外一半。生理功能基本上和与其配对的钠离子相同，具有维持体内电解质平衡、酸碱平衡和渗透压作用，参与胃液中胃酸的生成。

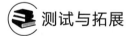 测试与拓展

简答题

1. 简述血清钠的生理功能及异常值的临床意义。

2. 简述血清钾的生理功能及异常值的临床意义。

3. 电解质的生理功能有哪些？

本书测试与拓展

参考答案

参考文献

［1］ 姚卫东．兽医临床基础．北京：化学工业出版社，2014．

［2］ 黄克和．兽医临床工作手册．北京：金盾出版社，2006．

［3］ 曾元根．兽医临床诊疗技术．北京：化学工业出版社，2015．

［4］ 东北农业大学．兽医临床诊断学．北京：中国农业出版社，2017．

［5］ 吴敏秋，沈永恕．兽医临床诊疗技术．北京：中国农业大学出版社，2014．

［6］ 曹授俊．兽医临床诊疗技术．北京：中国农业出版社，2020．

［7］ 王俊东，等．兽医临床诊断学．北京：中国农业出版社，2022

［8］ 邓干臻．兽医临床诊断学．北京：科学出版社，2019．

［9］ 王子轼．动物防疫与检疫技术．北京：中国农业出版社，2006．

［10］ 李舫．动物微生物．北京：中国农业出版社，2006．

［11］ 胡永灵．动物临床诊疗技术．北京：中国林业出版社，2020．

［12］ 田文霞．兽医防疫消毒技术．北京：中国农业出版社，2007．

［13］ 贺建忠．兽医临床诊断学实验指导．北京：中国林业出版社，2017．

［14］ 何德肆．动物临床诊疗与内科病．重庆：重庆大学出版社，2007．

［15］ 陈桂先．兽医临床用药速览．北京：化学工业出版社，2011．